岭南文化读本

陈建文　主编

岭南饮食文化

LINGNAN YINSHI WENHUA

周松芳　著

SPM 南方传媒 | 广东人民出版社
·广州·

图书在版编目（CIP）数据

岭南饮食文化 / 周松芳著. —广州：广东人民出版社，2023.6
ISBN 978-7-218-15761-0

Ⅰ. ①岭… Ⅱ. ①周… Ⅲ. ①饮食—文化—广东 Ⅳ. ①TS971.202.65

中国版本图书馆CIP数据核字（2022）第069159号

LINGNAN YINSHI WENHUA
岭 南 饮 食 文 化
周松芳 著

出 版 人：肖风华

责任编辑：李永新 王俊辉 曾白云
装帧设计：琥珀视觉
责任技编：吴彦斌 周星奎

出版发行：广东人民出版社
地 址：广州市越秀区大沙头四马路10号（邮政编码：510199）
电 话：（020）85716809（总编室）
传 真：（020）83289585
网 址：http://www.gdpph.com
印 刷：广州市人杰彩印厂
开 本：787毫米 × 1092毫米 1/16
印 张：11.75 字 数：170千
版 次：2023年6月第1版
印 次：2023年6月第1次印刷
定 价：58.00元

如发现印装质量问题，影响阅读，请与出版社（020-85716849）联系调换。
售书热线：020-87716172

岭南文化读本

主　编　陈建文
副主编　崔朝阳　王桂科

前　言

放眼五洲四海，各地之饮食及其文化，无不立足于就地取材，但都能与时俱进，兼容并蓄，迭代发展；其优异者，遂可进而成为一国之大菜系，其地也就进而跻身于世界美食名都。粤菜正复如是。早期岭南地区，“地广人稀，饭稻羹鱼，或火耕而水耨，果隋蠃蛤，不待贾而足，地势饶食，无饥馑之患”。古代岭南地区虽然取食容易，但因地势卑湿，食物不易保存，人们在获得食材后，习惯于就地和及时食用，从而遗下了食必求鲜、不避生腥的饮食基因。但是，若借鉴世界史的“刺激反应论”，世界各地的饮食及其文化的发展，既有待经济社会包括食物栽培蓄养及烹饪器具等的发展进步，也有待于外界食材与烹饪器具及方式的输入刺激。广州南粤王墓出土遗存所展示的南粤王宴风采，既足见岭南先民饮食上就地取材的特质，也反映秦汉时期岭南烹饪器具明显受到中原及海外的影响。

到粤菜名扬九州的前夜，清初的屈大均说岭南饮食之美，是由于“天下所有食货，粤东几尽有之”。然至咸、同之际，广州食柄，犹操于“姑苏酒楼同行公会”；清末民初，以接待当时的官宦政客，上门包办筵席为主要业务的八大“大肴馆”——聚馨、冠珍、品荣升、南阳堂、玉醪春、元升、八珍、新瑞，都是属“姑苏馆”组织的，而老行尊冯汉先生进一步说，到20世纪二三十年代“食在广州”的全盛时期，全市仍有100多家大肴馆，可见“姑苏馆”的影响力及其流风余韵，也充分反映了外来饮食文化对“食在广州”形成的作用和意义。

而真正唱响“食在广州”的时代，其实并没有我们通常认为的那么早；地点也并不是在广州，而是在上海。近代上海才是真正的大市场，才是各大菜系比拼的大舞台。“食在广州”地位的确立，是粤菜在上海与各大菜系竞争之中，能够兼容并蓄，奋发创新，最后借助传媒中心的鼓吹之力而功底于成。事实上，“八大菜系”，几乎每一菜系的形成，都是在它们走出各自乡邦之后，跨区域跨市场融合发展，做到了调适众口，从而才获得认可，成为享誉全国的一大菜系。更进一步，粤菜领先一步走出国门，征服西人的胃口，代表中国菜赢得殊誉，这也是对“食在广州”的额外加持。与此同时，“食在广州”声誉的形成，也颇赖西餐及西式经营方式的引入与助力；粤菜走出广东，无论在北京还是在上海，都是以西餐（番菜）先行，许多著名的粤菜馆的老板和经理就是海归粤人。

所以，本书在梳理粤菜的发展历程及其特质的同时，还讨论了粤菜走出广东、走出国门的情形及其影响，也写了外江菜馆在广东的发展历程及其影响。此外，本书附录了笔者与华南农业大学齐文娥教授合撰的两篇文章——《翁同龢的岭南食缘与谭延闿的粤荔情怀》《载将荔酒过江南》——从两个特殊的视角，来补充说明岭南饮食及其文化传播的影响。翁同龢是“天子门生”（咸丰状元）、“门生天子”（同治、光绪的老师），历任刑部尚书、工部尚书、户部尚书、总理各国事务衙门大臣、军机大臣等职。他与广东籍京官李文田、许应骙、张荫桓、丁日昌等人交往，彼此间既欣赏又钦佩，饮食宴游，极为频密。粤菜，特别是鱼生，给翁同龢留下了极为深刻的印象，获得了他极致的赞誉。他还不时请李文田、张荫桓的厨师帮忙主政家宴。由此可见，“食在广州”的地位，在官厨这里，已经足资成立。谭延闿作为湘菜成系的奠基人和一代“食神”，与广东渊源甚深，本书选取他与最有代表性的粤产水果荔枝的食缘，也只是略窥管豹而已。至于《载将荔酒过江南》一文，则是通过明清时期风靡江南的荔枝酒，从另一个侧面写出岭南饮食的一个重要方面——酒的光辉历史，借此增强本书的趣味性和可读性。

目 录

一、饭稻羹鱼：岭南饮食的早期发展

司马迁在《史记·货殖列传》里说："楚、越之地，地广人希（稀），饭稻羹鱼，或火耕而水耨，果隋蠃蛤，不待贾而足，地势饶食，无饥馑之患，以故呰窳偷生，无积聚多贫。是故江淮以南，无冻饿之人，亦无千金之家。"这可以说是有关岭南饮食最早期的文献之一，虽然所指只是包含了岭南而非专指岭南，但随着经济社会的发展，不仅成为岭南饮食基因的重要传承，而且因为内地这种史书所描写的自然条件的退化，也更加凸显出岭南的饮食特质来。为此，我们得先对一段史料做一正确的疏解。

根据唐代张守节的《史记正义》，大意是古代楚、越之地也即今长江、淮河以南广大地区，地广人稀，人们过着以稻米为主食，以鱼羹为主菜的生活。种植稻谷，无论火耕还是水耨（烧除或浸灭杂草灌木），都只需简单的劳作。足螺鱼鳖，可随意采集包裹煮食，根本不用向别人买。果隋即裹檴，包裹之意；蠃蛤即螺蛤，蠃同螺，泛指鱼鳖。地理上的优势，使人民很容易获得丰富的食物，从而没有饥馑的担忧。因此之故，人民便苟且偷生，家里没有多少余存，多显贫穷。也因此之故，江淮以南，并无挨冻受饿之人，也没有千金富贵之家。而且在内地随着经济社会发展和人口增长，逐渐退出这种生存生活状态时，岭南还可存续相对长的一段时期，因此这种饮食基因，也就会在后来的岭南饮食中显现得相对分明一些。

好了，既然可以轻轻松松就地取材谋食，虽贫而不乏粗食，也不富而求精食，则饮食之道甚乏。从饮食的历史发展我们知道，饮食之道的讲究，大约基于两大原因：一是因为食物的贫乏以及季节的荒缺，需要积贮以备荒，出现了腌制、干晒、烘腊等各种食物加工手段，以利存贮；二是因为富贵之家，食不厌精，脍不厌细，日食千金而难下箸，自然各种讲究都上来了。在中国历史长河中，太平盛世甚短，战乱饥荒时继，各地"贫穷的讲究"的风味饮食倒是代代相传，富贵之食则多征诸文献，难以有稳定的传承。所以，我们从南越王出土文物中，虽可考见其就地取材的一些地域饮食特征，也发现宫廷饮食与民间饮食的巨大的差异，其间能相共承传的，只是就地取材的那小小的一部分。

（一）岭南的地势与物产

由于崇山峻岭的阻隔，交通条件的落后以及湿热气候所形成的“瘴疠”之畏，早期的岭南，便犹如孤悬岭外，让人有殊方异域之感。但是，诚如长期从事历史地理研究特别是岭南历史地理研究的曾昭璇教授所说：“地理环境不同也就孕育出不同的文化。”中国当代著名考古学家苏秉琦先生就赞誉这里是“真正的南方”，是探索中国古代与印度支那半岛甚至南太平洋地区关系的“一把钥匙”。大家之论，基于考古发掘；新的发掘，又不断印证前论。新中国成立以来，华南地区已经发现的古人类旧石器时代遗址有81处之多，其中大部分发现于珠江流域，广东境内主要有封开峒中岩、曲江马坝狮子岩、罗定饭甑山、阳春独石仔等。这些古人类遗址，留下了岭南地区先民的活动足迹。其中1958年发现的距今12.9万年的马坝人，1978年发现的距今14.8万年的封开峒中岩人，乃是岭南地区人类最早的祖先之一。这种时序与空间的关系，也是对著名古人类学家贾兰坡院士“两广地带就是远古人类东移的必经之地”的观点的进一步佐证。

早期的岭南，文化上自成体系，饮食上亦复如是。从新石器时代的出土文物，已彰显出岭南饮食文化的独特追求。比如距今3500—5500年的曲江石峡文化遗址出土的饮食器具，就生动形象地反映了岭南山区早期的饮食风貌。炊煮器具主要有夹砂陶釜、甑、盘形鼎、盆形鼎、釜形鼎、小口釜等，盛食器具有三足盘、圈足盘、陶豆、碗、圈足壶、杯、罐、瓮等。其中夹砂陶釜的普遍使用，可以视为至今仍颇受青睐的

广州地区出土的陶盒、陶罐

煲仔饭的炊具之源头，甑的使用则表明当时的人已经懂得利用蒸汽蒸制食物，平底的盘形鼎应该是用于煎，盆形鼎则用于煮，釜形鼎用于烹。由此可见，焗、煎、熬等烹调技艺在那个遥远的年代即已齐具，堪称“食在广州”的历史基因。在青铜器时代岭南大墓出土的青铜礼器中，与中原北方偏重祭祀礼仪不同，多是盛肉盛食的鼎以及水盆之类器物，且器形和功用与本地烧造的陶器十分相似，则可视为石器时代“食为先”的岭南饮食文化基因的传承与发展。

石峡文化遗址出土的斧、锛、钁、凿、镞、铲等生产工具，特别是石钁，长身弓背，两端有一宽一窄的刃口，最长达31厘米，是适用于南方红壤的深翻土利器，还出土了人工栽培的水稻品种，标志着岭南饮食文化已迈上新的台阶——中国饮食文化最重要的基石，乃在于农业文明的产生和发展。但是，诚如《史记·货殖列传》所言，良好的自然条件，从某种意义上却又是对农业发展和饮食文化进步的制约。所以，尽管出土文物证明岭南人很早就栽培水稻，但相传发生在周夷王时的五羊传说，又仿佛表明岭南稻作文明或者高产量的稻作文明，仍然相对滞后。这个传说是：有五位仙人，身穿五彩衣，骑着五色羊，拿着一茎六穗的优良稻谷种子，降临“楚庭”，将稻穗赠给当地人民，并祝福这里永无饥荒。说完后，五位仙人便腾空而去，五只羊则变成了石头。当地人民为纪念传播优良谷种的五位仙人，修建了一座五仙观，传说五仙观即为“楚庭”所在。由此，广州又有“羊城”“穗城”的别名。

综而言之，在早期，岭南先民于饮食之道，有讲究的条件，也有成功的尝试，但也有不必讲究的条件，即取食甚易。所以，真正揭开岭南饮食文化的新篇章，得等到都会时代，等到王廷时代。而从文化传承的角度看，真正能传承下来的，也基本是上层的饮食规制以及都市的饮食风尚——只有这些，才会笔之于书，载之于籍，并俾后世借以取资，从而成为饮食文化的源流。

越秀山五羊石像

（二）开放与包容：王廷风范与民间传衍

秦征南越，设郡施治，不仅使岭南进入有文字记录的时代，也使岭南开始逐步进入都会时代；岭南饮食文化，渐渐载诸史籍，岭南饮食文明，渐渐揭开历史新篇。

公元前122年，南越国第二代王赵眜（又作赵胡）死后葬在番禺（今广州）象岗，这就是1983年考古发掘的西汉南越王墓。在发掘出土的各种文物中，有500多件饮食器具和大量随葬食物。其中200余只禾花雀骨骼，雀骨的断碎状况显示禾花雀随葬时均去羽、斩头、断爪，与今日粤菜厨师的加工手法如出一辙，于此可见岭南饮食的源远流长。该墓同时出土了大量烹饪饮食器具，其中恰有一件铜烤炉，令人推想当年南越王廷厨师很可能用此炉为南越王烤制食物。

青蚶是南越王墓出土的数量最多而又最具有岭南特色的海产之一，

南越王墓出土的铜烤炉

产于海底泥沙或岩礁夹缝中。该墓出土青蚶2000多个，是出土的各类食物中数量最多的一种，反映了南越王赵眜生前对青蚶的偏爱。据统计，这些青蚶主要遗存在该墓出土的铜鼎、铜鍪、铜提筒、铜壶和铜鉴等器具中。

鼎和鍪是以水为传热介质的烹饪器，提筒和壶是酒器，鉴类似后世的冰箱，因此推想当年南越国王庭厨师应主要是以鼎和鍪为赵眜制作青蚶作为酒菜等。青蚶肉质细嫩肥美，稍微加热即可食用，适宜用汆汤和涮食的方法制作。出土的铜鼎内除青蚶以外，还往往有猪骨、鱼骨等。这表明用鼎制作的应是汆青蚶一类的汤菜，其中杂有的猪骨等则很可能是熬汤所用。

西汉南越王墓出土龟足1500多个，数量在出土的随葬食物中仅次于青蚶，反映了赵眜生前对这两种海鲜的偏爱。该墓出土的龟足并不是龟的足脚，而是一种海生的雌雄同体的有柄蔓足类动物，学名石蜐，因其形酷似龟脚，故俗称龟足。龟足经去壳甲净治后，由于肉质鲜嫩，所以放入沸汤中稍滚即可食用。而从铜鍪的形制来看，正是用于汆、涮的理想炊器。这就可以理解出土的龟足为何主要分布在铜鍪内了。

南越王墓出土文物所见岭南上层社会（主要是王室饮食文化）的盛景，离不开行政中心特别是政权建制的影响，相应地，更离不开因此而形成的经济聚集以及外贸扩展。故司马迁作《史记·货殖列传》，叙列国中九大都会，"番禺亦其一都会也，珠玑、犀、玳瑁、果布之凑"；

当时的番禺也即后来的广州的特点，乃是其唯一的以集散海外舶来珍宝为主的都会。后来《汉书》也承此说并申言其对于内地的影响："处近海，多犀象，玳瑁、珠玑、银、铜、果布之凑，中国往商贾者多取富焉。番禺其一都会也。"这就是20世纪80年代"东西南北中，发财到广东"俗谚的汉代版。

经济繁荣，带来饮食文化的勃兴，饮食风范，由王廷传衍民间，民间载籍，因此纷见。最早的是东汉议郎杨孚《南裔异物志》（有的简称《异物志》）。至两晋则更多了，有刘欣期《交州记》，嵇含的《南方草木状》，裴渊的《广州记》，等等。记载最多的是岭南的果蔬。如嵇含《南方草木状》说益智子曾贵为贡品："益智子，如笔毫，长七八分。二月花，色若莲，着实，五六月熟。味辛，杂五味中芬芳，亦可盐曝。出交趾合浦。建安八年，交州刺史张津尝以益智子粽饷魏武帝。"记载的五敛子，也非常有意思："五敛子大如木瓜，黄色，皮肉脆软，味极酸。上有五稜，如刻出，南人呼稜为敛，故以为名。以蜜渍之，甘酢而美。出南海。"五敛子即阳桃，也即东汉杨孚《异物志》中的"三廉"。阳桃又常被称作洋桃，给人以舶来之感。其实与另一同样予人舶

杨桃

来之感的柠檬，俱是岭南土产。

当时，一些岭南甚贱的蔬菜，还被内地奉为席上之珍，如嵇含《南方草木状》所记“蕹菜”，即今日之蕹菜，当时却被称为“南方之奇蔬”，并传说曹操“能啖野葛至一尺，云先食此菜”。

（三）物味求鲜与海鲜生猛

广东地处中国大陆最南端，依山面海，南岭山脉又成为天然的气候屏障，北回归线从广州北部的从化穿过，气候炎热湿润，境内河流纵横，珠江水系更是全国第二大第三长水系，加之超4000公里的全国第一长大陆海岸线，陆地山林之禽兽，江河湖海之鳞介，以及瓜果菜蔬之属，无不出产异常丰富，且多有内地所无，为世所珍者。像是感恩自然的恩赐，岭南饮食一开始便具有食尚自然、不避生腥的特点，并相沿至今。早期文献中，对生腥，特别是生猛海鲜的表述，当无过于韩愈的《初南食贻元十八协律》：

> 鲎实如惠文，骨眼相负行。蚝相黏为山，百十各自生。
> 蒲鱼尾如蛇，口眼不相营。蛤即是虾蟆，同实浪异名。
> 章举马甲柱，斗以怪自呈。其余数十种，莫不可叹惊。
> 我来御魑魅，自宜味南烹。调以咸与酸，芼以椒与橙。
> 腥臊始发越，咀吞面汗骍。惟蛇旧所识，实惮口眼狞。
> 开笼听其去，郁屈尚不平。卖尔非我罪，不屠岂非情。
> 不祈灵珠报，幸无嫌怨并。聊歌以记之，又以告同行。

虽然这首诗通常被潮汕饮食文化所祖述，其实只与潮州沾了一点边——此诗为韩愈贬谪潮州途中所作，与潮汕饮食毫无关系；应该是韩愈进入珠三角后、到达广州前，第一次吃海鲜以及蛙、蛇等岭南食物的记录和感受。有国学大师之称的钱仲联先生说：“魏本引樊汝霖曰：‘元和十四年抵潮州后作也。’补释：前《赠别元十八诗》，寻其叙述，盖途次相别。则此诗不应为抵潮州后作。”元十八，名集虚，字克己，前协律郎，时在桂管观察使裴行立幕。据《赠别元十八协律六首》及钱仲联的解释，元十八乃奉其主公裴行立之命，迎问韩愈于贬途，贶赠书药。来时过龙城柳州，还带来了柳宗元的关切和问候，柳宗元作有《送元十八山人南游序》，而从其六，可见他们同出清远北峡山，随后告别山区之行，进入珠江三角洲，经广州往东南去向潮州——扶胥，即广州东南今南海神庙一带。相伴相行，终当一别，至此当别了。由此可见，“初南食”必不在“赠别”之后，然亦当在出峡山之后。无论如何，与潮州饮食没有关系。

但是，韩愈这顿“初南食”，虽不宜再被潮汕人祖述，倒值得老广们一再祖述；在此之前，还没有哪一首诗像韩愈这样把广东海鲜写得这

烤生蚝

么生猛的。

中国海岸线从北到南，绵延数千上万里，但没有任何一个地区，像岭南这样以海洋性为其表征，也没有任何一个地区的饮食文化，具有如此鲜明的海洋性特征——说起海鲜，无人不想起岭南；大凡到了岭南，无不冲着其海鲜，尽管岭南珍馐无数。

岭南海鲜，著称于世，首先有赖其天然的品质。这种天然的品质，是自然环境决定的。环中国海，南海要干净深邃许多。一来其所受江河泥沙影响小，二来洋景广阔，这就决定了其品质的纯粹与上乘。故史有“海至南而异鱼尤大且众，非特中土所无，亦东海北海所未有也”之说。其实，广东人还在普泛意义上使用“海鲜”这个词，即将河鲜包括在内。这是有道理的。珠江水质之干净丰沛，在国内是突出的，这是其所产之鲜足以与海鲜相抗的原因。再则，岭南还有一个独特之处是河海鲜的共生。清人张渠在其《粤东闻见录》里就提到：“语云：‘鱼，咸产者不入江，淡产者不入海。’唯粤鱼不尽然。”最突出的例子就是珠江入海口的河豚，较之江南地区纯淡水的河豚，味道要好多了。这些天然品质，使岭南人酷嗜海鲜，以至于近水楼台，也售价不菲，文献中多有岭南海鲜腾贵的记载，民间竹枝词也唱道：“要想食海鲜，莫惜腰间钱。”岭西人甚至将海鲜视为素食，以突破办丧事期间不得食荤腥的戒律。

虽然如此，广州人后来吃海鲜越来越不容易，因为珠三角逐渐沉积成陆，海岸线不断退却，加上出海捕捞的风险成本，以及当时相对落后的运输和保鲜条件，海鲜的销售实在是大问题；像广东当今的旅游胜地，也是著名渔港的阳江海陵岛闸坡，直到20世纪90年代末，还是某省直单位的定点扶贫对象。所以，即便广州人，吃鲜也不是容易的事，吃的多是以海产干货为主，所谓鲍参翅肚四大名贵海产，无一不是干货。韩愈能吃到生猛海鲜，那是当时广州附近江面广阔如海洋——广州人过去称过珠江为“过海”，渊源即在于此。今海珠区七星岗就留存了一段著名的古海岸遗址。宋代，穿城而过的珠江水还是咸的，连井水都

广州白鹅潭

咸，所以，苏东坡南贬惠州途经广州时，游览了白云山之后，就跟当时的广州知府建议用广州盛产的大竹从白云山引山泉水入广州，堪称世界最早的大型“自来水”工程。到明代中后期，汤显祖南贬徐闻，途经广州，就已觉得水不咸了，并写下咏广州的名篇《广城二首》（其一）：“临江喧万井，立地涌千艘。气脉雄如此，由来是广州。”

广州的海岸线虽然退却得远远的了，但珠江穿城而过，江深水阔，特别像入城前后航道分岔的鹅潭一带，更是近在咫尺的海（江）捕区域。而海鲜以鲜字当头，自然能就着产地最好，所谓“赶趁鲜鱼入市售，穿波逐浪一扁舟。西风报道明虾美，还有膏黄蟹更优”。到清代，距白鹅潭不远，也是海珠岛渔民聚居地的漱珠涌与珠江交汇处的漱珠桥畔，因应生猛海鲜的酒楼餐舫就应运而生了。金武祥《粟香随笔》载清代大诗人王渔洋到此，大开眼界，感而纪以诗云：“行乐催人是酒杯，漱珠桥畔酒楼开。海鲜市到争时刻，怕落尝新第二回。”岑徵《梁洛舫招饮漱珠桥酒楼》云：“飘渺高楼夹水生，漱珠桥市旧知名。连樯每泊餐鲜舫，灭烛犹闻赌酒声。”何仁镜的《城西泛春词》云：“家家亲教

广州漱珠桥

小红箫，争荡烟波放画桡。佳绝明虾鲜绝蟹，夕阳齐泊漱珠桥。”以上二诗则兼及酒楼与餐舫。或许更重要的是，漱珠桥畔，除了饮食，更别有文化风情，如黄佛颐《广州城坊志》所谓：“桥畔酒楼临江，红窗四照，花船近泊，珍错杂陈，鲜薨并进，携酒以往，无日无之……泛瓜皮小艇，与二三情好，薄醉而回，即秦淮水榭，未为专美矣。”只可惜，这种饮食与文化风情，在延续到民国中期后，随着南华路兴建，漱珠桥的拆废，变得风流云散，而潘飞声歌咏漱珠桥的《珠江春夜》诗——昨夜虹船趁绮寮，笙歌吹短可怜宵——则仿如历史的谶音。这是指中心省城广州，至于沿海海鲜产区，那更不用说了。

（四）嘉鱼美，鱼生鲜

在过往的年代，生猛海鲜不现实，海味干货固行时，但粤人好鲜的食性，根深蒂固。海鲜不易得，则河鲜也是孜孜以求的，且屡求屡得，佳鱼甚多，因为珠江水系水量丰沛，水质上佳，比如近年来大量管引供给广州城的西江，就以水质上佳而著称。而西江水产，比如鲥鱼（学名斑鰶），肉质细嫩，味道鲜美，营养价值高，享有“淡水之王”的美誉。而最负盛名的嘉鱼，则是令历代骚人墨客竞折腰之上等美味，其中最具代表性的人物，当属屈大均。

嘉鱼之名，最早见于《诗经》。宋人周去非《岭外代答》说："嘉鱼，苍梧大江之南，山曰火山，下有丙穴，嘉鱼出焉。所谓'南有嘉鱼'，诗人之传也。嘉鱼形如大鲥，鱼身腹多膏，其土人煎食之甚美。"并记载了烹制的方法："其煎也，徒置鱼于干釜，少焉膏溶，自然煎熬，不别用油，谓之自裹。"唐人刘恂《岭表录异》记载了另一种烹法，评价更高："嘉鱼，形如鳟，出梧州戎城县江水口，甚肥美，众鱼莫可与比，最宜为鋌。每炙，以芭蕉叶隔火，盖虑脂滴火灭耳。"不过刘恂的记载不确，嘉鱼主要还是出在广东而非广西（或者刘恂沿用古说——古梧州治所在今广东封开）。屈大均《广东新语》对其产地及其何以绝美有详细记载："孟冬大雾始出，出必于湍溪高峡间。其性洁，不入浊流。常居石岩，食苔饮乳以自养。霜寒江清，潮汐不至，乃出穴嘘吸雪水。在粤中大小湘峡（位于今清远地区）者，以十月出穴，三月入穴，西水未长，则四五月犹未入穴。"后出的吴震方《岭南杂记》对

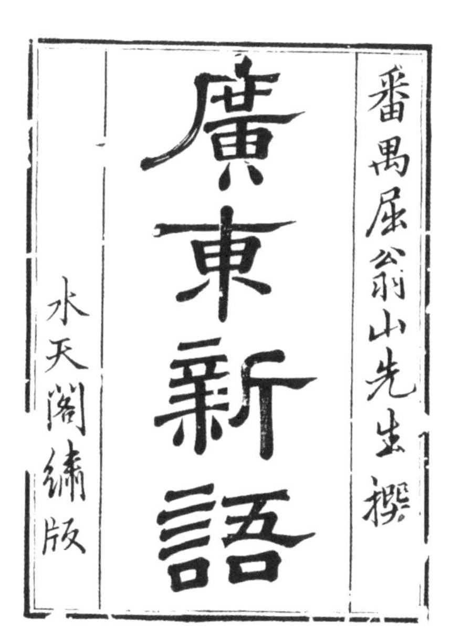

《广东新语》书影

此予以印证：“（嘉鱼）为鱼中第一，广鱼无味，此鱼出自石穴，盖食乳水，故肥美。”此所谓一分水养一分鱼，什么水养什么鱼，好水当然出好鱼了。清末民初署名“莲船女史”的一首竹枝词则不仅反映了其时嘉鱼仍多，而且印证了捕食嘉鱼的最佳时令：“响螺脆不及蚝鲜，最好嘉鱼二月天。冬至鱼生夏至狗，一年佳味几登筵。”

屈大均对岭南风物描绘题咏甚夥，而尤以嘉鱼为最。他的《嘉鱼颂并序》乃是为清初两广总督吴兴祚而作，其颂美嘉鱼，显然非徒一己之私好。颂之外尚有《两粤督府祝嘏词》：“亚相宣威五岭来，东南天柱是崧台。和平自得康公寿，文武谁如吉甫才。去岁羚羊寒有雪，今年员屋暖多梅。嘉鱼又复期张仲，至日风光满玉杯。（癸亥十一月，羚羊峡积雪弥望，嘉鱼出小湘峡，冬月卖向崧台市上）”嘉鱼在达官贵人席上之珍贵，有如荔枝中之挂绿。如屈大均《王观察招食嘉鱼率赋兼以为别》诗：“诗人歌式燕，最重是嘉鱼。罩汕欢多有，鲙鲨叹不如。宁期晋康水，亦似沔南渔。出穴当冬始，分君玉馔余。”“南有谁知汝，来

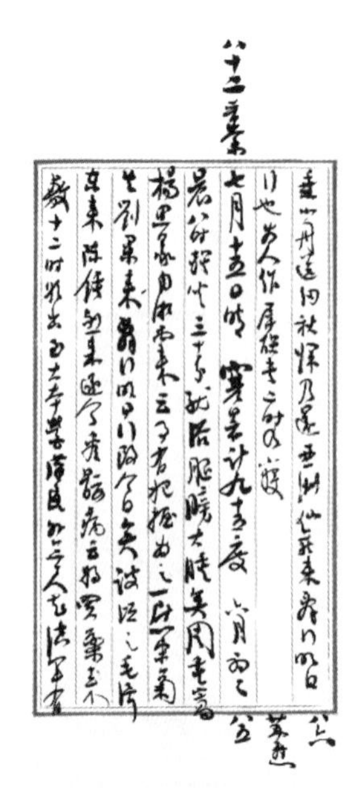

谭延闿日记

从大小湘。金盘频作鲙，玉箸尽含香。饮燕嗟难再，离忧正未央。何当临丙穴，更与使君尝。（公将之任蜀中）”“此度嘉鱼会，衔觞泪欲挥。鳟鲂留未得，蒲藻更何依。异日相思甚，休将尺素违。一双凭锦水，春饮乳泉肥。”因此，清代西江名士何梦瑶，在他六十寿诞时曾写诗叹息：“吾家日饮西江水，六旬未识嘉鱼美。”就像广东人，有几个得尝作为贡品的挂绿？直到民国时期，著名学者、掌故大家瞿兑之，也即晚清军机大臣瞿鸿机之子，贵介公子也，二度游粤，在广州著名的南园酒家接受宴请时，就发表了当代最富代表性的粤菜的鱼翅不如嘉鱼的观点：“主人肃吾入席，食纯翅，果腴美，然犹不及嘉鱼之嘉。嘉鱼出西江，薄而多细骨，其味清醇。”（铢庵《粤行十札》，《旅行杂志》1936年第10卷第5期）则嘉鱼之美，诚如荔中挂绿。1923年2月21日，民国“食神”谭延闿追随孙中山先生自沪抵穗，5月9日即在“太子”孙科等的宴上吃到难得的嘉鱼，自然推为第一：“赴徐固卿、太子科、吴公安、蔡昌诸人之约……食四鱼，嘉鱼为最。”

除此之外，屈大均咏嘉鱼之诗尚有十余首，无法一一列举。只是需要特别指出，屈大均在诗中所提及的嘉鱼烹饪之法——金盘频作鲙，即吃“鱼生”。在另一首《嘉鱼》诗中，也说：“鲈香争似汝，作鲙称金盘。肉映苔花嫩，膏含石乳寒。笑从诸女买，愁只一人餐。尺素那能寄，鳞鳞出峡难。”也是鲙法。“鲙”，也即吃“鱼生”，当然是食求生猛新鲜的最高境界。当然，也是好鱼始堪鲙。屈大均《荡舟海目山下捕鲥鱼为鲙》，即以整个南中国都闻名的鲥鱼为鲙：“雨过苍苍海目开，早潮未落晚潮催。鲥鱼不少樱桃颊，与客朝朝作鲙来。（鲥鱼以樱桃颊为上，黄颊、铁颊次之，烂鳞粉颊为下。凡捕鲥鱼，以刮镬鸣为信。刮镬，鸟名。）”据《清一统志·广州府》“海目山”条：“在南海县西南一百四十里九江海中，两岸并立，其形如目，麓多奇石。”则其时西江九江段，尚宽广如海，山立江海之中。而西江下流至此，已是江海咸淡水交汇之处了，各种水产，肉味最为鲜美，更何况是鲥鱼？所以屈大均又说：“羚羊峡口嘉鱼美，不若鲥鱼海目鲜。黄颊切来纷似雪，绿尊倾去更如泉。”“刮镬鸣时春雪消，鲥鱼争上九江潮。自携鲙具过渔父，双桨如飞不用招。（近海目有九江村）”

鱼味尚鲜，鱼生最鲜，故屈大均在《广东新语》还专立了一个条目——“鱼生”。鱼生，也可谓粤菜最重要的传统之一。

后来由于日本饮食在中国的影响，一度有许多人认为鱼生是日本舶来的食法。故名作家高阳《古今食事》说：“谈到生鱼片，并非日本菜中所独有……广东吃鱼生，则更为讲究。大致凡鱼嫩无刺的淡水鱼，都可以做鱼生；广东的鱼生，还要加上很多佐料，最主要的是萝卜丝，须榨得极干，自然不辣不苦；其次是薄脆或麻花、馓子之类香脆之物，捏碎和入；调味品有盐、麻油、胡椒、红辣椒丝、芫荽，细丝切的橘树叶等，独不用酱油。食时中置大盘，倾入材料及调味品，大家一齐动手拌匀，雪白的鱼片及萝卜丝杂以鲜红的辣椒丝、碧绿的芫荽及橘树叶，颜色清新，更增食欲。”

屈大均《广东新语》记载的广东人好吃鱼生的原因，则不止于其做法讲究，味道上佳，更在于礼数，也反映了广东人吃鱼生的深厚传统：“有宴会，必以切鱼生为敬。食必以天晓时空心为度。每飞霜锷，泡蜜醪，下姜蒌，无不人人色喜，且餐且笑。”清人陈徽言《南越游记》从另外一个角度对岭南人为什么吃鱼生作了解释：“岭南人喜取草鱼活者，剖割成屑，佐以瓜子、落花生、萝卜、木耳、芹菜、油煎面饵、粉丝、腐干，汇而杂食之，名曰‘鱼生’，以沸汤炙酒下之，所以祛其寒气也。”吃鱼生要喝酒，既祛寒，也消毒。故进入民国，此风仍盛：“冬至鱼生处处同，鲜鱼脔切玉玲珑。一杯热酒聊消冷，犹是前朝食脍风。”（汪兆铨《羊城竹枝词》）因此，时下有以吃鱼生易得寄生虫病为由主张禁之，有些不考虑岭南气候水土的实际；再者，关键不是禁，而是要建立标准，使其卫生无虞也。同时，还应该考虑到气候地理对于人身健康的需要，不能光图好吃好看，而要讲究“卫生”（护卫养生），复兴鱼生“古道”。其实这也符合中国以复古为革新的传统，是另一种时尚。需要说明的是，上面所讲的岭南传统鱼生，多仅提及淡水鱼鲜，主要是海鲜相对要贵，平常百姓人家是吃不起的；海鲜由于本身品质好，对配料也不甚讲究，故乏记述，但并不表明岭南人不好海鲜鱼生。

鱼生在广东，始终是上味。尽管有人考证说，《诗经·小雅·六月》里“炰鳖脍鲤”的“脍”就指鱼生；隋炀帝嗜好的“东南佳味”“金齑玉脍”的“脍”也是鱼生，其实并不见得。孔夫子说：“食不厌精，脍不厌细”，把鱼和肉，切薄些，不生吃，炒了吃，涮了吃，都易熟保鲜，更好吃。到了明代，才有文献证实“脍（鲙）”可指鱼生。元末明初刘伯温的《多能鄙事》“鱼脍”条云：“鱼不拘大小，以鲜活为上，去头尾、肚皮，薄切，摊白纸上晾片时，细切如丝。以萝卜细剁，布扭作汁，姜丝拌鱼入碟，杂以生菜、胡荽、芥辣、醋浇。”而李时珍在《本草纲目》中的警示，则从反面证明鱼脍为生：“鱼鲙肉生，损人尤甚。”

然而，就在医学大师的警示声中，在他处吃鱼生变成文献变成传说

顺德鱼生

的时候，文献所见的岭南食鱼生的风气却渐次达至高潮。首先是明末清初屈大均《广东新语》的大书特书。其他的笔记史料，只要写到广东风物，往往都会写到鱼生。如凌扬藻《国朝岭海诗钞》辑录的诗谚说："鱼熟不作岭南人。"张心泰的《粤游小识》说："广人喜以鱼生享客，小菜碟数十，不同样，谓之吃鱼生。吃余，即以生鱼煮粥，谓之鱼生粥。谚云'冬至鱼生'是也。"李调元的《南海竹枝词十六首》说："每到九江潮落后，南人顿顿食鱼生。"到了清末，《时事画报》登载了一幅《食鱼生》图，甚为生动形象，附文说："鱼生一物，不减莼鲈滋味，吾粤人多嗜之。脔鱼作片，雪卜为丝，每到秋风一起，则什锦鱼生，足供大嚼，不必待冬至阳生，然后食此也。"将其与著名的江南松江鲈鱼相媲美，视为岭南的一大特色。同时的一首《竹枝词》呼应道："海国秋深水族增，盘餐风味话良朋。肥鱼斫脍多腴美，何必莼鲈感季鹰。"

这种风气，在民国，有过之而无不及。对民国广东鱼生记述最生动最详细的，当数来自有"刺身"传统之日本的吉田里。他首先澄清说："大多数的中国人，以为刺身是除了日本以外中国地方是没有的，但是广东、福州一带倒一向嗜吃鱼生。"他还认为中国古代就有吃鱼生的传统："有句俗语叫'惩羹吹脍'的，它的意思就是说吃羹时往往会烫痛喉咙，所以吃脍时也要吹了。有了这种俗谚，是中国古代吃生鱼的根据。"接着他就以其亲身经历说到民国广东鱼生的盛况："秋天在广东江门、顺德的街道里步行时，到处是这种鱼（生），尤其在江门，还有专吃鱼生的馆子。"他最后感慨道："真的，吃过鱼生的人，才知道它的美味。"（［日］吉田里《鱼和中国菜》，《大众》杂志1944年第16期）

（五）鲮鱼胜莼鲈

嘉鱼近乎传说，罕见于国人之筵席；而顺德鲮鱼，则至今是"厨出

鲮鱼罐头

凤城”的代表之一——且不说入席必点的顺德鱼饼，即甘竹牌的鲮鱼罐头，也风行至今。又不独在本土，即在民国时期的上海滩，也是闻名遐迩。叙其渊源历史，不啻岭南文化史之一斑。

早年，北京大学著名教授顺德籍黄节就曾深情吟咏故乡这一名菜：“客厨自有烹鲜计，不及乡风豉土鲮！”广州的吴慧贞女士1943—1944年间在上海《家》杂志连载《粤菜烹调法》，大推特推鲮鱼菜式。她说：“土鲮以产于粤省顺德的最为肥美，以肉滑味鲜见称，运用何种烹调法，风味均佳，乃是粤人独享的口福。”鲮鱼可以做成各式菜肴，吴慧贞介绍了几款佳品，如清蒸土鲮、发财如愿（发菜鱼丸，在斩鱼肉时加少许曹白咸鱼肉同斩，则更为鲜美）、香糟鲮鱼、腌煎鲮鱼、香酱鲮、蟹翅肉丸等，今日已不多见。

佛山驰名省港的金姐鱼环，也是一款鲮鱼菜肴；金姐乃服务于民国佛山中山桥、民政桥一带紫洞艇上的一代女名厨。

唐鲁孙吃过的上海秀色大酒楼的一款“玉葵宝扇”，可谓是最具传奇色彩的土鲮鱼菜肴。它里面隐含了一个凄美的故事。说是有一位罗公子，有一柄传家宝扇，能起死回生。恰巧有一天罗公子的未婚妻在溪畔浣衣，不慎失足落水而亡，罗公子亲摇宝扇，一日一夜终于救回。顺德人喜欢用清蒸鱼类下饭，如果用新鲜土鲮鱼跟上品曹白鱼同蒸，一鲜一咸香味交融，就如同故事里罗公子救活未婚妻，故名“玉葵宝扇”。如此蒸出来的鱼，红肌白理，令人胃口大开，不负美名。曾出任伪职的柳雨生，也即后来移居澳洲的汉学大家柳存仁也说：“土鲮鱼的味道极佳美。”（柳雨生《赋得广州的吃》，《古今月刊》1942年第7期）所以，叶心佛的《岭南食品：鲮鱼、蟛蜞子》，便写尽其对鲮鱼的莼鲈之情，十分感人：“余广东人也，旅沪已十余年，于广东土产中，最爱食者为鲮鱼与蟛蜞子……余十余年来，鲜者不得食，常有弹铗之叹，惟亲友中有知我之所好者，腌以寄余，亦慰情，聊胜无耳……古人当秋风起则忆莼鲈，兹者阳和景明，鲮鱼、蟛蜞子早已上市矣，思之不可复得，余草此篇，而不禁馋涎垂三尺也。”（《申报》1926年6月11日）

回到广州，还有一款上汤（鲮）鱼面，乃孙科的最爱，系广州北园酒家“鱼王”骆昌的独创。其制法是先用新鲜鲮鱼打成鱼胶，用蛋白拌匀，挞透，蒸熟，再切成面条样烩上汤，爽滑清甜。北园酒家后来的掌门大厨，顺德籍的黎和，也利用鲮鱼改制出了一款经典名菜：他把北园传统的家常名菜“郊外鱼头”里的豆腐用鲮鱼腐来代替，一时身价倍增，一举成为北园的十大名菜之一。这鲮鱼腐，可是顺德的传统名菜，“乐从鱼腐”至今仍是顺德的金牌菜式。

菜肴之外，民国年间西关桨栏路口的味兰粥店制作的一味菊花鲮鱼球粥，土鲮鱼味正鲜甜，加入秋季开放的菊花瓣，色香味堪称一绝，耸动食肆，历久不衰。

鲮鱼既有这么多的做法，足见其味道之美与顺德人嗜爱之深。鲮鱼味道之美，馋煞江南人，顺德人便出来安慰说：“近来已有罐头制品，可以运销各处了。”这是晚清民国的时候。而最早有关鲮鱼罐头的记录是1897年4月4日《申报》的一则广告——《虹口路同协成启》：“本号新到广东罐头鲮鱼、鲜嫩竹笋、白雪澄面……”这也是广东食品工业化的一个可知的记录，也可视为“食在广州”发达的一个表征。如今，各式鲮鱼罐头，尤其是甘竹牌鲮鱼罐头，仍然风行海

酿鲮鱼

内外，足见其永恒的魅力。

今天的顺德厨师，厨艺不断推陈出新，而且精益求精。代表性的一款鲮鱼新菜是八宝酿鲮鱼，那可是让民国时期的食家也食指大动的。其做法有较高难度：要先把鲮鱼的骨、肉取出，而皮相完整；将取出的鱼肉以诸般佳料和制成鱼滑，再酿回鱼皮囊中，又成一条完整的“鲮鱼”。如此煎或者蒸出来，那敢情就是“八仙鲮鱼”了。在款式上，现在也比民国时期更繁复多样；顺德厨师协会会长罗福南先生说，他们可以用鲮鱼做出一百三十多道菜，是超标准的百鱼宴。顺德著名女厨师“奶奶群”吴旺群，当年参与制作的鲮鱼宴，还上了中央电视台；留存下来的菜谱可见一斑：锦绣拼盘（蚬蚧鲮鱼饼、葱蛋煎鲮鱼肠拼侨社招牌鸡）、发财鲮鱼羹、碧绿炒鲮球、家乡鱼酿鱼（即酿鲮鱼）、翡翠炒绉鱼卷、迎来鱼米乡（鲮鱼青鱼子）、鲮鱼（骨）上汤时蔬等。

二、一口通商：岭南饮食后来居上

饮食背后是经济，也是文化。随着从唐代后期开始的中国经济重心南移的进程，岭南的开发速度到宋代也进一步加快，由宋到明，是岭南经济文化发展跃迁的重要时代，诚如屈大均《广东新语》所说："自秦汉以前为蛮裔，自唐宋以后为神州。"如果说宋代是岭南从蛮裔到神州的转变，到明代，岭南则可笑傲神州了。这既是中国经济南移的大势所致，也是明代重农抑商，防倭禁海，广州长期一口通商的独特优势所致，从而形成了如同20世纪80年代出现的"东西南北中，发财到广东"的局面，也就是明代"走广"时谚的内涵。在这种盛景之下，则如叶权《游岭南记》所说："岭南昔号瘴乡，非流人逐客不至。今观其岭，不及吴越间低小者，其下青松表道，豁然宽敞。南安至南雄，名为百二十里，早起半日可达，仕宦乐官其地，商贾愿出其途。"我们也可以说，"饮食愿尝其味"了。

（一）一口通商与"走广"效应

今人说"食在广州"，无不引屈大均在《广东新语》所说"天下所有食货，粤东几尽有之；粤东所有之食货，天下未必尽也"以为佐证；陈梦因在《粤菜溯源录》里甚至据以径称"食在广州"，不过是指食材之丰富而言。再说坊间以"太史菜""谭家菜"为"食在广州"表征者，每每称粤菜吸收融合了淮扬菜的一些优长，是何以故？这一切，可以从"走广"说起。

话说广州自建城以来，两千多年间，几乎一直处于对外开放之中。虽然明初曾规定"片板不许入海"，但广州不仅几未被禁，尤其是嘉靖元年撤销浙、闽市舶司后，广州更获得一口通商的地位。即便三口并存时，"宁波通日本，泉州通琉球，广州通占城、暹罗、西洋诸国"，其他两处也远没有广州精彩；今人所艳称的海上丝绸之路，许多时候是广州在唱独角戏。因此，明中叶以后，靠近广州的顺德成为珠三角桑基鱼塘的最典型的地区，并由生丝业繁衍出18种行当：丝缎行、什色缎

清代广州十三行

行、元青缎行、花局缎行、纻缎行、牛郎纱行、绸绫行、帽绫行、花绫行、金彩行、扁金行、对边行、栏杆行、机纱行、斗纱行、洋绫绸行，等等。但这仍然远远不能满足广州出口丝货贸易的需要，得大量收购长江三角洲的苏杭地区的生丝加工，织出的“粤缎之质密匀，其色鲜华，光辉滑泽”，“金陵、苏、杭皆不及”，而为“东西二洋所贵”，供给“大部分欧洲之需”，而且赢得了世界的声誉，为同时代欧洲产品所望尘莫及。欧洲人也不得不发出“世上没有任何一个国家其工艺会如此精湛”的感叹。

在这种背景下，江浙商人就“窃买丝绵、水银、生铜、药材一切通番之货，抵广变卖，复易广货归浙，本谓交通，而巧立名曰‘走广’”（胡宗宪《筹海图编》）。不独江浙，他省也在纷纷“走广”；明代著名小说《今古奇观》的《蒋兴哥重会珍珠衫》说，蒋世泽随丈人罗公走广东做买卖，因获利颇丰，虽妻丧子幼，仍无法割舍；罗家更是走了三代了。正是因着“走广”，屈大均才能说“天下所有食货，粤东几尽有之”；循此，“食在广州”，在一定程度上是“走广”走出来的。

燕窝羹

如果说明代的“走广”是一种选择，清代的“走广”则是一种必须；清廷重开海禁，广州一口通商，舍此别无他途，所以不必说“走广”了。方此之际，西方业已进入大航海时代，两相拱促，广州真正旷世繁华的景象，于焉而至，“食在广州”的格局，便渐次形成；在众多名家笔下，虽未标“食在广州”之名，已写出“食在广州”之实。

1770年，大史学家、大文学家阳湖（今常州）人赵翼调任广州知府，震惊于广州的饮食奢华。且不说市肆花酒之地，即在府中，即便他这个勤于政事，“刻无宁晷，未尝一日享华腴”，“每食仍不过鲑菜三碟、羹一碗而已”的清官循吏，制度性的供给，也是今日颇受诟病的“三公消费”所无法比拟的：“署中食米日费二石，厨屋七间，有三大铁镬，煮水数百斛供浴，犹不给也。另设水夫六名，专赴龙泉山担烹茶之水，常以足趼告。演戏召客，月必数开筵，蜡泪成堆，履舄交错，古所谓钟鸣鼎食，殆无以过。”换一个花天酒地的知府，那又该是怎样一种排场呢？故说“统计生平膴仕，惟广州一年”。在赵翼看来，寰中再也没有他处饮食繁华堪比广州了；广州终于可以做“大爷”了！

几十年之后，从新近出版的《遗失在西方的中国史》，从西方人的记录中我们可以具体看到官家的奢华排场。1843年6月24日，清政府的钦差大臣耆英宴请港英当局：席上的盘子前面会有堆成山一般的各种腌菜、酸菜和萝卜干之类的冷菜。上了燕窝羹，宴会正式开始。紧接着端上桌的有鹿肉、鸭肉、用任何赞誉都不会过分的鱼翅、栗子汤、排骨、用肉汁和猪油在平底锅里煎出来的蔬菜肉馅饼、公鹿里脊汤、仅次于鱼翅的鲨鱼汤、花生五香杂烩、一种用牛角髓浸软并熬制出来的胶质物、蘑菇栗子汤、加糖或糖浆的炖火腿、油焖笋、鱼肚以及众多难以用文字描述的热汤和炖菜。在餐桌的中央，还有烤制的孔雀、野鸡和火腿。

市肆之上尤其是洋行更为豪奢。法国人伊凡在《广州城内》记载，著名行商潘仕成曾向他夸口说："我们的厨师享誉整个帝国。除了这儿，还有哪里能创造出如无脑鸭子、空心五香碎肉丸这样精美的食物？"这两款菜肴，相信现在绝大多数的广州人都闻所未闻。有的更是豪奢得让人觉得是暴殄天物，以至于道光二年（1822）西关大火，"毁街七十余，巷十之，房舍万余间，广一里，纵七之，焚死者数十人，蹂而死于达观桥者二十七人，郁攸之灾，百岁翁叹为未有"，还有人认为此乃天谴："粤东是时番船渐通，洋商初盛，珠贝镶货，族于西关。酒海肉林，褕衣珍食。起家屠侩，淫侈亡等，天殆怒其妖邪，使海市蜃楼，尽付于祝回之一炬，垂戒不可谓不严。"（陈康祺《郎潜纪闻初笔》）百年之后，著名学者、晚清军机大臣瞿鸿机之子瞿兑之仍予附和："陈氏此言至为沉痛，见被发于伊川，知百年而为戒矣。"（瞿兑之《人物风俗制度丛谈》）然而，大火之后两年，昆明人赵光游粤所见，繁华胜景，不仅恢复，更甚于昔日："是时粤省殷富甲天下，洋盐巨商及茶贾丝商，资本丰厚。外国通商者十余处，洋行十三家，夷楼海舶，云集城外，由清波门至十八铺（甫），街市繁华，十倍苏杭。"

到了这个份上，说"食在广州"，应该没有人再生异议了；甚至有人把谚语改为"生在广州，死在柳州"，以示对广州饮食的无限迷恋。

（二）顺德厨师与佛山老板

“食在广州，厨出凤城”，凤城即大良，为顺德县治。广州属下诸邑，顺德厨师是又多又好，而以大良为最。很多人认为，顺德就是粤菜的发祥地。想想也是，“巧妇难为无米之炊”，有了好的食材，没有好的厨师，也成不了事儿。清人梁介香《凤城梦游录》说：“顺德乳蜜之乡，言饮食，广州逊其精美。”没有顺德厨师，“食在广州”也确实难以撑持；稍稍梳理一下顺德厨师的“威水史”，及其“威水”之缘由，你就不得不信服了——广府之大，广府厨师之多之好，唯顺德堪为代表。

一口通商使顺德迅速成为“南国丝都”。“千担万担黄金谷，夜夜笙歌镬耳屋”，这就是繁华富庶的丝都顺德饮食风情的写照。其实这还只是高门富户的家宴豪聚，作为丝绸交易中心酒肆繁华催生的“凤城炒卖”的镬气，更是“厨出凤城”的标志；后来香港的一些大酒家，比如湾仔的英京等，其墙头广告即为“凤城镬气”“广州上汤”，可谓以一邑而敌上国了。

老板少爷们可以夜夜笙歌，桑农蚕户也可以天天茶楼酒肆，用当时的行话说就是：“只用三片桑叶就足够埋单。”这种繁荣，一直延续到民国中期。据统计，20世纪二三十年代，仅容奇一镇，就有主要服务蚕农的餐馆数十家，其中包括高档时尚的“海镜”“长乐”“亨记”“占记”“大三元”“琼珍”等大酒楼，甚至还出现了一些西餐馆。由繁荣的商业贸易催生的顺德小炒，在顺德美食文化资深研究专家廖锡祥先生看来，不仅带来了烹调方式的革命，更带来了经营方式的革命；从此，顺德厨师，带着“凤城美食”，攻城略地，反过来，又进一步强化了“厨出凤城”的传奇。

这丝都味道，后人认为直接影响到“食在广州”。新中国成立前有一篇发表在上海《旅行杂志》上的文章《广州情调》说：“广州的吃风真是一言难尽，数百年下来的奢侈的吃风，有人说来源有二：顺德县以丝业、钱庄业出名，富有很多，子孙习于纨绔，天天只考究饮食享用，花样翻新。所谓'凤城食品'为广州人所艳称。二是广州的下西关也是富人的群巢之所，故西关吃风也特别兴盛，名厨师辈出。”而丝绸贸易又是助力西关富裕的关键因素之一。总而言之，丝都风味，功莫大焉。

而在这个过程中，一口通商所促进的冶铁铸造业，也为“凤城炒卖”的形成，助力不小。元代还是“佛山渡”，至明初才成为村落的佛山，明中叶即已发展成为“天下四大镇”之一。顺德以丝，佛山以铁，各擅胜场。佛山人发明的“红模铸造”技术和工艺，使铸铁的质量和工艺水平居全国之冠。清人张心泰《粤游小识》说：“盖天下产铁之区，莫良于粤；而冶铁之工，莫良于佛山。”尤其是材质精良、轻薄光滑的“广锅”，成为内外贸易的大宗。正是佛山铸造的良锅，使小炒得以大（量）炒，使炒卖得以大（量）卖，进而名扬天下。

南国丝都导致“废稻树桑”，到光绪年间，发展到一年的谷物收成，不足一邑之人半月所需。这却造就了一个陈村谷埠。顺德陈村，在广州、南海、顺德、番禺、佛山的交通交汇处，是与广州、佛山、东莞石龙并列的“广东四大名镇”之一，成为整个珠三角谷物的交易中心，来自广西、湖南、江西等省粮食基本上先齐集此地，可谓广州谷埠的“谷埠”。风月每逐谷埠兴，广州如此，陈村亦然；谷埠花酌，成为丝都异味。陈村的谷埠风月，那也是毫不逊色广州的谷埠风月的；广州的谷埠风月，为“食在广州”做出了贡献；陈村的谷埠风月，也为“厨出凤城”，做出了相应的贡献。罗福南先生说，80年代的香港厨师状元，就是从陈村“花酌馆”出来的；闻名遐迩、与苏州船菜媲美的紫洞艇菜，据老前辈陈荆鸿先生所述，其实也多出自顺德陈村谷埠。

顺德善吃，厨师善烹。代代相传，遂出国师。上海解放后，1951年国家组建“新中国第一个国宾馆”——锦江饭店，首任行政总厨肖良初（1906-1985），正是顺德人。据说，当年在上海滩为了维护自己的利益，他曾与另外九位顺德籍厨师结为兄弟，守望相助；他是老大，他还

肖良初

有一位师父郭大开，也是一代名厨，当然也是顺德籍的了。据说，1961年顺德大良公社书记的月工资是70元，大学一级教授比如中山大学陈寅恪先生的工资也才381元（俗称“381高地”），而肖良初在锦江饭店的月工资是540元，可见其身价之高，简直是干社会主义的活，而拿着资本主义的工资，没有特殊的本领，是享受不了这特殊的待遇的。古语云：“君子远庖厨。”这一回，庖厨可是压倒了“君子”。呵呵！无独有偶，顺德本土的点心大师梁娣，当时的工资也达到一级——125元——这是“厨出凤城”最深厚的政治基础和经济基础！

在锦江饭店，肖良初先后为一百多个国家的国王、总统、首相、总理等政要主厨或安排菜式，其中的“三大杰作”，堪入厨史。其一是1952年，作为新中国派出的第一位厨师代表参加莱比锡国际博览会，不仅以一款“荷叶盐鸡”夺得烹调表演会金奖，而且“征服”了民主德国总统皮克，获赠金笔和亲笔签名个人照片，堪称外交轶事。其二是1954年喜剧大师卓别林访沪，吃了肖良初的“锦江香酥鸭”后，叹为“毕生难忘的美味”，竟向周总理提出打包两只带回美国与家人分享。其三是撒切尔夫人1982年访问上海，香港船王包玉刚在锦江设宴款待，肖良初以七十六岁高龄重出掌勺，一下引爆了香港媒体的兴奋点，报道几欲喧宾夺主："船王午宴英相，顺德厨师掌灶""主厨是七十八岁（实为七十六岁）岁肖良初，顺德大良人"……其实，肖良初厨师生涯的传奇之巅，应该是在1961年的联合国日内瓦会议上。1954年，新中国首次以五大国身份参加联合国的讨论重大国际问题的会议，取得了一系列重要成果；为了维护这一成果，1961年，联合国再开日内瓦会议。古语云"折冲樽俎"，即在酒席宴会、觥筹交错间，解决重大问题。这也是总理兼外长周恩来最为擅长的技巧之一。折冲樽俎的效果如何，掌厨政者的表现非常关键。当此之际，外交部长陈毅亲自指派了肖良初掌厨。而肖良初也倾情回报，所创制的八珍盐焗鸡，受到各国嘉宾的交口称誉。这款名菜，乃是在广东客家菜"东江盐焗鸡"的基础上，在鸡腔内加入鸡肝、鸭肝、腊肉、腊肠、腊鸭肝、腊鸭肠、腊板底筋、酱凤鹅粒等配料，用荷叶包裹，外以锡纸包住，在海盐中焗熟，鸡肉的鲜美、盐香的浓郁、荷香的清淡、腊味的馥郁，神奇地集于一体。

1955年北京饭店扩建后，国务院派专人到上海，委托锦江饭店帮助挑选厨师，肖良初举贤不避亲，推荐了31岁的顺德同乡康辉。康辉很快就脱颖而出，1961年就被委以重任，到中南海给毛主席当厨师，成为

康辉

名副其实的“御厨”。此外，他还做过一段时间胡志明的“御厨”，他创制的“脆皮鸡”，成为胡氏的最爱；投桃报李，此后胡志明每次访华必请康辉“随扈”，同席共膳时还曾亲自为他夹菜，待若上宾，简直令康辉受宠若惊。国家名誉主席宋庆龄，对家乡的粤菜情有独钟，每次家中招待亲朋好友、外国贵宾，都要请康辉主厨，可谓“钦点御厨”；他创制的“酒烤比目鱼”，成为宋氏最爱。康老后来回忆起来，说得轻描淡写的：“比目鱼烤出来，浇一点沙拉油，就可以上桌。”“做法很简单，用不了多少时间。”实际上，他口中的“用不了多长时间”，从头到尾也要花5个小时啊！

康辉最珍视的经历是1962年给毛主席做年夜饭，那是三年困难时期过后第一年，康辉只允许为主席做了几碟湘味辣椒、苦瓜、豆豉等小菜，再配上大米饭和馒头，唯一撑场面的是葡萄酒，因为主席还邀请了溥仪、章士钊和另外三位名流。这等规格的年夜饭，外人是难以想象的，无法不令康辉铭心刻骨。

后来，康辉出任北京饭店行政总厨，并负责筹建钓鱼台国宾馆和人民大会堂餐厅，构筑起北京国宴的三足鼎立格局。至此，南北两大国宾馆，悉归顺德人掌勺。顺德菜，在某种意义上，便成为新时代的“国菜”了，康辉更成为中国厨师的一代国宝：1982—1984年三次应邀赴法交流切磋厨艺，名动法兰西，被法国名厨协会邀请为会员，并授予“烹饪大师”称号；1985年荣获北京市劳动模范称号；1987年当选为中国烹饪协会常务理事；1988年在日本举行的第二届国际烹饪大赛中担任评委；2002年被授予“国宝级烹饪大师”称号——全国仅十六人获此殊荣。

当康辉、肖良初在北京、上海做“御厨”、掌国宴时，同出顺德的黎和（1916年生）则在广州做他的正宗“粤菜状元”。他为北园酒家创制了两大招牌菜——瓦煲花雕鸡和郊外鱼头；郊外鱼头本是传统家常名菜，黎和将其中的豆腐改用顺德特色美食鱼腐，烹制上再略施小计，立马高大上。这两大招牌，只不过是黎和创制的近3000款菜肴的代表而

花雕鸡

已；而3000款菜肴，正是“顺德炒卖”的集中体现。黎和，在20世纪50年代即跻身“广州十大名厨”，并作为广东首席厨师参加全国烹饪大赛，荣获“全国优秀厨师”称号。

黎和在广州做“状元”，另一位顺德籍的厨师梁敬（1913年生），则在香港争“状元”。梁敬出身陈村中兴花酌馆，最擅鲍参燕翅等高档“捻手菜”，到了香港金陵酒家，迅速赢得“金水敬”的名号；所创“杏汁炖白肺”，欧阳应霁在《香港味道》许为“炖汤中一级极品”，堪称“玉液琼浆”！到80年代，他被尊为“香港十大名厨”之首，是名副其实的“状元”。

如果说顺德以厨师倾力支持着“食在广州”，佛山则以老板相“奉献”。随着五口通商导致贸易中心的北移，佛山、顺德比作为中心城市的广州受到更大冲击；广州作为中心城市，反倒产生了一定的虹吸效应——不仅把顺德的一些厨师吸引过来，把佛山的一些资本也吸附到广州来。老行尊冯明泉先生说，咸丰、同治年间，广州人虽重饮茶，但商业性的高档茶楼并不多见，多是砖木结构规模不大的茶楼，因此不称“楼”而称“居”，直到佛山因商业地位衰落，商业资本大举流入广州，相当一部分投入他们驾轻就熟的饮食业，兴建了一批三层高的轩敞茶楼，才名副其实地进入茶楼时代，“有钱楼上楼，无钱地下踎”也成为一时之谚。

佛帮对于广州饮食文化的发展，居功至伟，传承至今的主要茶楼老字号，绝大多数也都是他们所创兴。其中两个主要人物谭新义与谭晴波，乃是名副其实的两代茶楼王。佛帮茶楼招牌好用“如”字，以“如”字意头好，最多时竟有十余家，如东如、西如、南如、太如、惠如、多如、三如、五如、九如、天如、瑞如、福如、宝如等。其中西如、东如、南如、五如、三如、太如、惠如皆是谭新义创办或参与创办，此外，他旗下还有茗珍、和心、襟江（澄江）、莲香楼，真是名副其实的茶楼王。1908年，已经拥有西如茶楼、惠如楼、太如楼等数家茶楼的谭新义，为谋求更大发展，与谭晴波等人一下就募集到12420两，一举收购主要经营松糕、煎堆、大发、红包、响糖等敬神及婚嫁回礼食品的连香茶果铺，又购得相连房地产350余平方米，全部拆平改建成莲香楼。“莲味清香，镇日评茶天不暑；香风遥递，谁家炊饼月方圆。”莲香楼的招牌屹立至今。

（三）太史食风与“食在广州”

一个菜系的形成，其实就像一座山峰的形成，需要有顶级餐馆及其代表人物作为峰顶般的表征，也需要坚实宽厚的山基以成其大；如果说明清广东经济发展及顺德厨师作为基础的代表的话，北京的谭家菜和广东的太史菜以及稍后的四大酒家，则可谓山峰以及峰顶。其实，在清末民初的广州，有两位以诗词和美食闻名的“太史”，前有梁鼎芬（节庵），后有江孔殷。虽然在饮食史上，江孔殷声名更显赫，但梁鼎芬也并不弱，只是其因劲直忠节而声名广大，饮食上的声光反为所掩。江孔

梁鼎芬

殷的太史蛇羹及其他，坊间言说，叠床架屋，毋用赘述，重点要说的，当是梁太史的饮食风范。

1911年夏，53岁的梁鼎芬与同人集饮孔园烟浒楼，其后留下了《能秀精庐饮食宴乐精义》的手稿，具载于吴天任先生所撰的《梁鼎芬年谱》中，详言饮馔用料品种及四时食具要旨：

四鲜果　皆坚大香洁，勿切，以好瓷盘盛之。

二常有　如此时荔支是也，挑选精细，颗颗圆匀。万人皆有，而我独绝，凡事应如此。

二新出　如桃（原注：尖嘴）、藕（原注：纯白）之属。

此是法筵龙象第一义，主人最宜留心。

八围碟　夏六素二荤，冬六荤二素，春秋各半，姑如此说，不拘菜品，多不胜条。（原注：三字顾注《汉书》屡用之）

江海三十年，所赴酒处，围碟以缪小山为第一，未见其偶。佳处约略言之，有画趣，有书卷味，有山野气，有花草香，所以叹绝也。

禁用火腿　座中有李留庵丈，用之，以其嗜也。但此是枯窘题，用法选宣威、金华两处精者，以好绍酒炖之，成块而融，勿烂，片如客数，人赋其一，顷刻可尽。此物能完，主人声光满四座矣。

围碟皆用好瓷，主人无之则借，或公地则凑分购之。

鱼翅 夏宜清炖，用红绿碗；冬宜红烧，用素碗。红易清难，主人自知庖人本领，如不甚高，夏用红亦取其易稳。先一日选材，要多要精，语云“贵精不贵多”，此非所论于鱼翅也，不精可也，精而不多不可也。何也？不精者不食之而已，精而不多，兴采酣畅，忽然而止，譬之甫觏佳人，环珮之声已远，同游芳院，花草之气不长，其为惆怅当复何如？此物若具威凤祥麟之壮概，座客必有渴蛟饥虎之奇能。（原注：孔园此物精矣，惜不多也）

全用大碗，式色不同乃佳，此亦可集公分存孔园。禁用中碗，大约座客六人以上，中碗每人两羹便尽，第三羹必空回，孔园前日光景如此。一鸣先生所云“明漪绝底”似之，小碗更不必说。

菜品多不胜条，姑举二三。

山瑞水鱼（原注：美品） 清红因鱼翅，彼清此红，彼红此清，此办事刚柔、赋诗浓淡之法，主人不食则勿用。

鱼唇（原注：美品） 办法如上，夏饮择一足矣，冬天可并用。

鱼肚（原注：美品） 冬夏皆宜，吾乡第一等菜。

鲜莲子蟹羹或虾红 鲜莲（原注：售品），不嫌重用多用。

鲜菱角、好冬菰、鲜竹茹，三物皆精于夏，宜择用或全用。

鸭掌（原注：鹅喉天梯） 此物平平，惟病翁最嗜，请以待留庵丈火腿之例以待节庵，顿顿食之不厌，如杜老之黄鱼也。鄂食罕得，有之亦四五双耳。

素菜 用极好鸡汤，菜全吸入，无汁，此于侍郎第一本好菜也。精大瓷盘，此件应备用处多。

太清空恐不得饱，应用实笔（原注：红烧）一二处，主人工画，如何布置，不待病翁饶舌。

禁用烧乳猪 鄂筵终年无此，偶一遇之必不佳，孔园所食，妙妙。

此件有官气，又费，必不用。若必用之，待梅花三九时如何？

酒　主人先一日自己料理，又亲尝之。此为此日之命脉，酒器要精雅，要多。主人好酒，以所藏饷客；或无之，取之好酒之友；市沽已是下策。如不佳，先罚主人劣酒十大杯，不胜者再罚一回作主人。

茶　人人知酒之要，不知茶与酒同，料理法如酒，器如酒，几上设一茶壶，旁数好瓷杯，醉客自斟。又各设一盖杯，揭开水清无埃，茶浮小枪，见之心开，是日必大乐。孔园龙井佳。

窗前几上，随意设花一二瓶，瓜果数种，阑干外设数盆，盛井水洗手。

点心　此如词家之词眼，八股家之题珠，勿以其小而忽之。

咸　不胜条，粉裹上上，卢家至精，孔家相埒，烟浒楼曾食两回，不堪回首矣。

甜　不胜条，西瓜糕上上，粤红瓜颇劣，然颜色鲜润，以之制糕，盛一白瓷盘，陆士衡所谓雅艳也。

二种汤皆禁用小碗。

饭菜　豆腐汤，大碗。肉片、草菰、虾子皆可用。

四饭菜　七寸碟，勿用五寸。青菜、咸鱼、炒鸡蛋，此一品不拘。

加两素汤　瓜专品。藕、笋、菜干，择一。

禁用四压席菜　佥云此如今日之候补道也，候补道最为人憎厌。今推之于此菜，可谓不幸矣。然众议如此，无人助之，放翁诗“万事不如公论久”，信然信然！

饭　色白而软。

粥　清而香，粥碗大于饭碗。夏兼用绿豆，另一碗。

这份特殊的菜谱，见出了晚清岭南饮食的高标，以至江孔殷都念兹在兹，在获睹之后，序题一首长诗以致敬意：“能秀精庐饮食宴乐精义，为禺山梁文忠手笔，朋尊酒垒中，时闻一二，辄以未窥全豹为憾。冯祝万将军于无意中得之，出以相示，笔墨精妙，议论豪恣，足见病翁未病时掀髯疾书神采，洵生平得意之作也，为题五绝句，跋以归之：

江孔殷

叶恭绰

‘东坡去后北江出，夏令瓜蔬食谱添。赤硅寓公题跋过，一年香瓣接梁髯。（原注：去冬曾为香江蔡哲夫题洪北江夏令食单）’‘宣南会葬南皮日，风雨圆通丈室床。无复橐饘于晦若，午桥黄米亦沧桑。（原注：余己酉秋奉召赴引，节老亦因会葬张南皮，先后入都，同居南横街圆通观中，于晦若侍郎间日必乘人力车橐鱼翅至，端午桥制府以陵差来京，亦自黄米胡同来会食，黄垆旧侣，至今都尽，思之惘然）’‘梁格庄头忆荔支，草堂归啖已无期。渴蛟饥虎情如绘，想见兰斋会食时。（原注：节老南归，月中必数过兰斋，北行时，属草堂同人多种荔）’‘谪宦一生惟玉糁，诗人每食必黄鱼。数篇能秀精庐字，抵读何曾一部书。’‘文章一代批鳞目，头翅由来尽属君（原注：节老生平最嗜鱼翅及烧鱼头）。能说风流前辈事，贞元除我恐无人。’丁卯中秋后五日，南海江孔殷识于小百二兰斋。”时在1927年。

多年以后，民国政坛交通系代表人物广东籍叶恭绰也为题诗一首，并详述其旨：“‘一编哺啜见风流，知汝清馋不可收。醉饱未应成过失，饥驱浑遣足冥搜。烹鲜老合甘乡味，食肉心终与国谋。回首堆盘怜苜蓿，可堪重忆旧矶头。’奉题梁节丈《饮食宴乐精义》手稿。祝万道兄以此册属题，审为宣统年所书，想见侘傺忧劳之余，以此自遣，如东坡之过岭，非真惟酒食是议也。然丈之高谈大睨，饮啖兼人之概，跃然纸上，耆英真率，雅集成图，亦乡邦一重故实矣。余与丈三世论交，不但文章风节，望尘莫及，即食事亦无能为役。曩承招讲学武昌，丈恒以余食少为虑，盖其时余虽未素食，然所进甚菲恶，又素不能饮酒，每共食，丈辄为蹙额也。今忽忽将四十年，思之惘惘。民国三十年夏日叶恭绰。”

梁鼎芬不独留下了这一份珍贵的食谱，还留下了不少饮食轶闻，足为岭南饮食之光。唐鲁孙先生在《炉肉和乳猪》中说：“梁太史鼎芬好啖是出了名的，他有一味拿手菜‘太史田鸡’传授给广州惠爱街玉醪春，那家有三五座头的小吃馆居然在几年之间变成雕梁粉壁的大酒楼。”玉醪春能创出这么一番模样，也可以反衬梁太史田鸡在市民中的影响，至少当不亚于江太史田鸡也。不独田鸡，岭南最有特色的菜式之一的烤乳猪，梁氏也有不传之秘。唐先生就说，“广州黄黎巷有一家莫记小馆，他知道梁太史家烤乳猪，所用酱色跟蒜蓉都有特别不传之秘”，而这家店老板莫友竹原本是风雅人，遂“用家藏紫朱八宝印泥一大盒”，把梁太史这套手艺秘方学来，从此就以烤乳猪驰名羊城。看

脆皮乳猪

来，梁太史的不仅菜好，也有“入市”的传统，恐怕当年的“太史田鸡”的风靡，梁家的影响还要多一些。唐鲁孙先生还说，北平最好的烤乳猪，也是梁鼎芬的秘方：“后来梁大胡子家又把烤乳猪秘方传给蒯若木家的庖人大庚，蒯住北平翠花街，大庚烤乳猪的手法，跟一般烤法并无差异，可是入口一嚼，酥脆如同吃炸虾片，的确是一绝，蒯老也颇以此自豪。”

凡此种种，不独见出吾粤饮食的太史风范，更见出吾粤饮食风雅的传承。

（四）“食在广州”与外江菜渊源

“食在广州”的形成既有赖于“走广”所带来的天下食材，也有赖于“走广”所带来的各帮菜式的融合。佛山籍的民国食品大王冼冠生就曾撰文说，广州是广东省政治和经济的枢纽，向来宦游于该地的人，大都携带本乡庖师，以快口腹，然而，做官非终身之事，一旦罢官他去，他们的厨师大多流落在广州，开设菜馆，或当酒肆的庖手，以维持生计。紧接着，他便具道广州菜的外省渊源：挂炉鸭和油鸡是南京式的，炸八块和鸡汤泡肚子是北平式的，炒鸡片和炒虾仁是江苏式的，辣子鸡和川烩鱼是湖北式的，干烧鲍鱼和叉烧云南腿是四川式的，香糟鱼球和干菜蒸肉是绍兴式的，点心方面又有扬州式的汤包烧卖。总之，“集合各地的名菜，形成一种新的广菜，可见‘吃’在广州，并非毫无根据”。（冼冠生《广州菜点之研究》，《食品界》1933年第2期）

1. “食在广州”的姑苏别传

江南文化，特别是姑苏淮扬饮食，对岭南文化特别是“食在广州”影响甚深。《粤风》1935年第5期有一篇懿叟的《珠江回忆录》（六）《饮食琐谈》（续）谈到广东鱼翅烹饪的变迁，认为“从前广州姑苏酒楼所烹饪之鱼翅”都是用熟翅，直到一个潮州籍的陈姓官厨出来，才改造成后来通行的生翅烹饪法。由此“陈厨子之名大著，宦场中人，宴上官嘉宾者，非声明借重陈厨子帮忙不为欢，亦不成为敬意”。等到主人调任他方，便“以所蓄营肆筵堂酒庄于卫边街……宦场中人酬酢趋之若鹜”。“续后同兴居、一品升、贵连升等，随之蜂起。”则可证其资格之老，也恰恰便于说明“食在广州”与姑苏风味之关系，因为作者又特别强调陈厨的肆筵堂并“不入姑苏酒楼同行公会”，兼之前述广州姑苏酒楼烹翅皆熟制，可见姑苏酒楼在广州得有多大势力，才可能建立“同行公会”，而在此之前，后来闻名遐迩的广州本土著名酒楼如一品升特别是以鱼翅著称的贵联升还没“出世”呢。由此则可推知，早在同光之前，即便有“食在广州”声名，也应当是姑苏酒楼当道；直到光绪中叶后，才有“西关泰和馆、文园等崛起竞争……贵连升烹饪佳妙，风靡一时”。

今人认为“食在广州”深受姑苏淮扬风味影响最著名者当属唐鲁孙先生了。他在《令人难忘的谭家菜》中说，著名的谭家菜主人谭瑑青最

鱼翅羹

初是用厨师的，用的是曾在江苏盱眙杨士骧家担任小厨陶三，自是手艺不凡，而为长远计，便让如夫人赵凤荔以帮厨为名天天下厨房偷师学艺，加之他的姐姐谭祖佩嫁给出身钟鸣鼎食之家、对割烹之道素具心得的岭南大儒陈澧之孙陈公睦之后成了女易牙，便又悉心传授弟媳，如是赵荔凤"一人身兼岭南、淮扬两地调燮之妙"，终于成就以淮扬菜为底子并传岭南陈氏法乳足以表征"食在广州"的谭家菜。

再近一点，一些老广州的回忆，更可印证这一层。像冯汉等《广州的大肴馆》说，从前有一种"大肴馆"，又称为包办馆，相传已有百多年历史，到清末形成了聚馨、冠珍、品荣升、南阳堂、玉醪春、元升、八珍、新瑞和等八家代表性店号，他们都是"属'姑苏馆'组织的，它以接待当时的官宦政客，上门包办筵席为主要业务"。到20世纪二三十年代全盛时期，全市有100多家，多集中在西关一带广州繁盛富庶之区，可见"姑苏馆"的影响力及其流风余韵。

广州饮食业老行尊陈培的《北方风味在广州》则说："汉民路（今北京路）的越香村和越华路的聚丰园菜馆，经营姑苏食品。"（《广州文史》第四十一辑《食在广州史话》）这聚丰园，才堪称民国姑苏馆诗酒风流的典范。民国"食神"谭延闿去吃了之后，大为叫好，还要他的著名的私厨曹四现学现做，仍然称好，并载于日记：

> 1924年4月8日（三月初五）：偕丹父渡海，径至省长公署，晤萧、吴，邀同步至聚丰园，吃汤包及其他点心、炸酱面，去三元四元，丹甫惠钞。
>
> 1926年6月17日（五月初八）：与大毛同食烧饼，曹厨仿聚丰园制也，一咸一甜，尚有似处，吾遂不更饭。

回过头来，再说姑苏淮扬饮食对"食在广州"的影响，我们还可从另一个侧面找到佐证。例如，民国时期，广州百货业雄视寰中，上海四大百货虽然是后起之秀，但均可视为广州四大百货的上海分店，殊不知广州百货业早先却被称为"苏杭什货"！为什么作此称谓？因为南宋

谭延闿

以降，苏杭“户口蕃盛，商贾买卖，十倍于昔”，街市买卖，昼夜不绝，杭州更有“习以工巧，衣被天下”之说。广州一口通商，苏杭货物，更是纷纷南下，时有“走广”之谚，“苏杭什货”于焉形成。有意思的是，自洋货大行我国之后，加之广州因外贸刺激的各种出产行销国内，内地的百货却又称“广洋（洋广）杂货店”或“广货店”。这与岭南饮食在充分吸收外来元素之后形成“食在广州”走向全国，实属异曲同工。

2. 北菜官厨与“食在广州”

陈培先生的《北方风味在广州》认为，广州的北方菜起源于广州的官厨，即北方来的官员所携带的私厨。这些私厨有的并未随官迁转，而是在此落地生根，开馆营业，不仅使北菜或外江菜在广州开枝散叶，也对“食在广州”的形成及发展产生重要影响，早期赫赫有名的贵联升、南阳堂、一品升等等都是官厨；这时，“食在广州”的名头还没有叫响呢。

“食在广州”形成过程中的官厨影响，时人也有论及，且同样非常看重，只是今人不知不重而已：

> 食在广州，往昔已驰名。粤厨人材，英雄济济，有官厨，有私厨，有酒家之厨，斗角钩心，各出奇以竞胜。所谓粤厨者，其实咸

有兼治天下味之才，无论淮扬苏锡之菜馔，川闽燕鲁之肴馔，满汉欧美之食品，调盐和豉，各有精研，故能独擅胜场，驰名于海内外。而羊城以发祥关系，食家尤多，知味论风，自然上有好而下必有甚焉者，相互发明，蔚为巨擘。故督府张鸣岐家之宴客，豪贵珍奇，一时称盛，名厨子出身其中，且有厨官之名，因若辈见多识广，百味遍尝，堪称一时之全材也。

这里既强调的官厨的影响，也强调了粤菜兼容并蓄、博采众长的特点。并举出著名官厨冯唐之例：

冯幼年即入督府厨房行走，历有年时，后来仅以及冠之年，居然上席会菜。改世后，又入广州贵联升酒家，所为各菜，多督府秘笈，遂驰誉一时。后各酒家乃竞相罗致，旋为沪上粤南酒家所聘。绅商大贾，入席试其热炒，顿觉有异，不久即名满歇浦，近年国际饭店孔雀厅厨事即由其主持。东亚又一楼为食客下海所创办者，如章蓈农、吴权盛等，咸惯试其风味，即厚聘之。食客宾至如归，每月大宴会，冯必洗手入厨，亲自出马。

其实，冯唐的大官厨地位正得之于粤菜精华：

粤菜之精华，能荟萃供应天下之胃口，随地施宜，冯唐固老于斯道者。其以热炒驰名，即在于先获人心。尝见其会菜后，恒窥伺于食客帘间，食客举箸将盘中食尽，冯始欣然去；如食客对其所煮之菜，食胃不畅，宴后，必请于主人，询问咸淡，及众客批评，而就其言夜袭以改善，虚怀若谷，不失厨人风度。顷闻又一楼中，座客常满，冯唐之吸引力也，官厨硕果，无怪其然，不可谓非沪上食客之口福。（新食客《闲话粤菜：官厨风味硕果仅存，又一楼中明星熠熠》，《快活林》1946年第16期）

3. 民国粤港的川菜馆

上海是五方杂处的中国最大商业都会，与四川也是共饮一条长江水，川菜能占一席之地，自是容易想象。其实他处也多有川菜馆，特别是香港，一时竟成“最時髦的菜肴”，这估计会超乎很多人的想象。看似与川菜最不谐的广州，也同样早有川菜馆，且长盛不衰。早在1936年，黄际遇教授已经在日记中写到川菜馆：

> 9月27日：傍午出饮蜀馆“锦江春”。秋老复東达夫来共觥勺，适彦华亦入此小肆……“锦江春”悬梁曰：“锦里酒初香，应将郫竹千筒，分来岭外；江南春正好，可许梅花一曲，唱到尊前。”署名但懋辛（蜀人）。

到民国末年，像天南出版社1948年版的《广州大观》提到的川菜馆就有好几家：“广州的宴会场所，除了一部分西式餐馆之外，中式的自然以广府菜馆为多，可是，别的如客家菜馆、四川菜馆、江浙菜馆、回菜馆、素菜馆等等，也都不少。”后面列出的菜馆中，中华北路七号的半斋川菜馆，可以确认；还有一家西堤二马路10号的四川菜馆，应当也是。特别是半斋川菜馆的广告：“请到开设数十年老字号口味好价公道之半斋川菜馆，社团宴会，随意小酌，地方通爽，招呼周到。”充分显示以此馆为代表的川菜在广州的源远流长。而东坡酒舫广告推举其招牌菜曰“瓦罉煀海鲜、四川煎焗虾蟹、东坡凤髓鸭”，则不管其是否川菜馆，均显示川菜已深得广州市民之心了。

虽然省港一家，但面积和人口远比广州小的香港，川菜馆的数量和影响却远超广州，令人称奇。早在商务印书馆1938年版的《香港指南》，就介绍了三家川菜馆，分别是大华饭店、蜀珍川菜社、桂圆川菜馆。香港旅行社1941年出版的《大香港》介绍的川菜馆更多更细：湾仔有英京酒家川菜部、六国饭店川菜部；中环有华人行九楼大华饭店、德辅道中远来酒家；油麻地有桂圆川菜馆、弥敦酒店五楼川菜部。书中

9 香港旅行指南月刊

名園遊樂場復起

粵陳大購軍械致港幣高漲

香港

新華大飯店

干諾道中一百廿一號

房租低廉
招呼週至
舖陳雅潔
交通利便
水喉浴室
衛生清淨
電機上落
日夜不停
飯菜酒食
價格公平

電話
司理室 三一九六八 三一二三一
舖面 三一二三二

注意
如由福建遊客招待所介紹
俱有特別優待以酬僑胞之光惠

香港新华大饭店广告

还有一则新华大饭店的广告——“香港标准川菜馆，富丽高贵，首屈一指，为社交最佳场所”——也显示川菜馆在港地位不凡。其实著名的《旅行杂志》1938年第11期也早有新华大饭店类似的广告了。至于川菜馆的菜品，“著名的如玉兰片、辣子鸡丁、炒羊肉片、咖喱虾仁、炒山鸡片、虾子春笋、白炙鱼等，就中以通常的炒鸡丁而论，是比别处来得鲜嫩”，甚至“像粤菜一样有清炖补品”，而且“如虫草炖鸡子，是冠绝一时的”。但说“这些都是利便一些江浙的旅客，但粤人光顾的也不少啊”，则颇费解。至于说“现时因国内抗战，北方人来港的极多，所以因川菜在北方人吃的范围中，也占着很重要的位置”，似乎也不是很到位。

上面的桂圆菜馆，应为桂园菜馆。桂园菜馆的成功及其扩张，可谓典型而微地反映川菜在香港的风行；当时《香港商报》（1941年第169期）把对桂园菜馆司理毛康济的专访报道的标题，直接写成《香港人士口味的变换，川菜已成了中菜中最时髦的菜肴：毛康济君的菜经谈》。

访谈的缘起，是桂园吞并知名粤菜餐馆——九龙思豪酒店内设餐厅，而思豪酒店之所以引入桂园，“完全是为着迎合目前的香港社会的需要”，因为战争的关系，近几年来，外省人到香港来或从香港经过的是日比一日多了，只适合粤人口味的粤菜，已不十分适合当前香港社会的需要，川菜因为能够适合许多省份的人的口味，“于是就成了一种最流行的菜肴”。

郑宝鸿所编《香港华洋行业百年：饮食与娱乐篇》说：“1950年代起，酒楼酒家的发展步入黄金期，因大批内地不同省份的人士迁至，大量京、津、沪、川及粤菜馆，在港九各区开张。”那么，外江菜馆在香港继续发展，而且是更加独立地发展，也是题中应有之义。只是由于香港与内地相对隔绝日久，相关史料难以寻觅，像《香港华洋行业百年：饮食与娱乐篇》这样的专书，都没提及，叶灵凤倒是在日记中记录了他1970年3月20日和7月10日两上四川酒楼的情形。

4. 香港的外江菜馆

追溯讨论香港川菜馆以外的外江菜馆，叶灵凤的日记给我们提供的信息仍然是首选。他首先提到的是福禄寿茶室（京菜馆），时在1947年7月5日。该茶室（餐馆）为《星岛日报》美术主任、著名漫画家张光宇和他弟弟张正宇所创办，张光宇任经理。据黄苗子先生口述，此店乃为中国共产党在香港的联络站。

其次提到的是“美利坚”山东餐馆，时在1949年9月10日：“携苗秀在美利坚餐馆小饮。”此后，他无数次光顾这一山东菜馆，直到去世前一年多的1973年底（1975年去世），日记中还有记录，其中1973年3月2日说：“今晚与罗、黄、源、严等在新美利坚聚餐，此种聚餐至本次已历99次，下次即100次。”那全部记下来，真是记不可记。作为一个南京人，如此热爱山东菜，也属异数了。

还有两家北方馆子，也是他常去的，如天津馆海景楼以及小型的留香馆。此外，他也偶尔光顾丰泽楼。据谢正光教授说，他1960年考入

叶灵凤

新亚书院后，发现一代名师牟润孙先生寓庐每周五下午开放，欢迎学生来访，天南地北地谈话结束后，例必招待同学们到附近的这家“丰泽园”京菜馆进餐。为什么要去丰泽园？这里头有佳话。早在1954年牟润孙接受钱穆邀请，从台湾大学转任新亚书院文史系主任、新亚研究所导师和图书馆馆长之初，一上此馆，一点“雪豆炒虾仁”，再一尝之下，即对侍者说：“这雪豆虾仁，只有一个人做得这样好，赶快到厨房把他请出来。”相见半晌后相互抱头痛哭——原来这厨子叫阿赖，乃其山东福山故里的家厨，1948年分头逃难，一赴台，一至港，事隔九载，主仆相逢，宁不喜极而泣！（谢正光《记先师牟润孙先生与其及门》，2020年11月5日《南方周末》）

不过有意思的是，作为籍贯南京的叶灵凤，日记中留下了那么多北菜馆记录，南方菜馆的记录却只有寥寥几条，显得弥足珍贵：

> 1951年3月3日：赴九龙观张君秋戏。……散戏后，张邀在江苏酒店晚饭。
>
> 1951年3月17日：看张君秋、俞振飞、马连良三人合演之《贩

马记》……戏散后，林社长夫妇请张君秋及余等在绿杨村晚饭。

1951年4月5日：赴报馆，张君秋来访林社长，谈出版专集事。由林请往嘉宾吃福州菜，红糟鸡及千层油糕甚佳。（注：指福建嘉宾酒家，位于香港英皇道374号）

1968年1月16日：在上海馆老正兴吃面及汤包，味不错。

附录　翁同龢的岭南食缘与谭延闿的粤荔情怀

翁同龢是一代“天子门生”（咸丰状元），两代“门生天子”（同治、光绪的老师），历任刑部尚书、工部尚书、户部尚书、总理各国事务衙门大臣、军机大臣等，权倾朝野，却与广东籍京官李文田、许应骙、张荫桓、丁日昌等人过从甚密，而且既欣赏又钦佩。如与李文田（字若农）未深交之前，即在1860年5月6日日记中说：“广东李若农编修文田赋甚闳丽，叹为奇材。”稍后即结拜为兄弟：“（1861年7月19日）李若农文田与余订兄弟交。”又在1887年10月5日请李文田来看了住宅风水后，“留饭长谈，言澳门事甚悉”，不由大赞：“霸才也。”文学事功之外，书画同样佩服，且不说别的，单是1893年4月间他奉旨书《万寿寺碑》，却因“病臂不能书”，最后的法子乃是“以李文田代，而仍书臣名”，即可见一斑。对于举人出身、捐赀获官、因娴于洋务而进身、品秩远低于己的张荫桓，朝野多有鄙夷之者，翁氏却在日记中再三致敬：“（1895年11月22日）张樵野来长谈，此人才调究胜于吾。”洋务之外，诗书亦同致礼敬：“（1898年1月8日）观樵和樊云门诗四首，真绝才也。”对于张荫桓的画，翁同龢虽然极佩其赏鉴水准，但未曾正面评骘，倒是后来的大师级画家黄宾虹评价极高：“徐颂阁、张野樵一流，为乾嘉画家所不逮。”对于许应骙（广州高第街许氏先人），也每每以“前辈”相敬：“（1865年6月29日）馆上派余纂集夷务书，同派者胡小泉瑞澜、许云岩应骙两前辈也。”“（1883年7月16日）许应骙前辈来。”此三人，翁氏呼为“广东三友”：“（1891年2

月27日）已正赴广东三友招，许筠庵、李若农、张樵野。客则南皮、高阳两相国，颂阁及余也。”此外，与丁日昌来往也甚多，曾假他人之口以示赞佩：“（1875年12月10日）郭筠仙（嵩焘）……言方今洞悉洋务者止三人：李相国、沈葆桢、丁日昌也。”

此外，与翁同龢相往来的粤籍京官还有不少，如邓华熙、陈兰彬等等，甚至有人说他力荐过康有为。有一次他请假提前下班回家大宴宾客，座中竟然全是广东人：“（1891年2月18日）午初二刻毕，即驰归陪客，客皆广东人也：李山农宗岱、许筠庵应骙、李若农文田、张樵野荫桓、刘静皆世安、翁蓼洲为龙。”我的朋友罗韬认为，翁同龢是广东晚清以来得以在中国政坛崛起的关键人物之一。但是中国人的友谊，吃饭喝酒是第一表征。这一点，在翁同龢与粤籍京官的交往中有突出的表现，互相宴请极多，甚至留宿留餐也很常见。所以，本文只从这一视角，从《翁同龢日记》中捡出几则提到具体菜品的饮食材料，以飨读者。

第一次写到是1865年10月30日：“偕濒石同赴仙城馆（广东会馆也，在王皮胡同），李若农招食鱼生，待许仁山、潘伯英、许涑文，良

翁同龢

张荫桓

久始至，同坐者孙子寿，又广东人冯仲鱼、王明生也。鱼生味甚美，为平生所未尝。”李文田是顺德人，顺德鱼生至今脍炙人口，殊不知百年之前在京城已足餍帝师。此后，他又记录两次在李文田处吃鱼生，皆留下美好记忆：“（1866年11月9日）出赴李若农招，食鱼生，饮微醺。”“（1890年11月13日）赴李若农招，吃鱼生甚妙，余肴精美。”其实在当年，吃鱼生也并非粤人“专利”，沿海地区的人可能都会吃，如他曾到上海嘉定籍状元，官至兵部礼部尚书、大学士的徐寿蘅处吃过：“（1892年9月11日）未初诣颂阁处吃鱼生，不甚佳。”真是有比较才有鉴别，也才有“伤害”——怎么能跟顺德鱼生比呢！

顺德鱼生好，他处不能比，但南海人恐怕不服，翁同龢大概也是赞同的：“（1892年11月10日）巳正赴张樵野（南海人，今属禅城区）之招，同坐者钱子密、徐小云、孙燮臣、徐颂阁、廖仲山与余六，食鱼生极美，晚更进精食，剧谈，坐卧随意，抵暮始散。”徐寿蘅在座，估计也是服的。他在张荫桓处吃过鱼生，也吃过鱼生粥：“（1890年12月13日）过张樵野吃鱼生粥。”鱼生粥，也是今日广东早茶最佳配点之一。

广东有美食，粤宦有佳厨，所以翁同龢上门就食之余，还时不时会借李文田的厨师一用，以款嘉宾，这更有助于大张“食在广州”之目：“（1866年9月26日）夜招宋伟度、潘伯寅、张午桥、张香涛、李若农饮，借若农斋并其庖人。”“（1891年2月13日）约孙兄及南斋诸公饭，余作东，若农办，未初二散。”除了请李文田的厨师帮办，又多有请张荫桓的厨师出马，苦无细节，兹不多赘。

最后再略叙一桩岭南饮食因缘，那就是荔枝：“（1890年6月24日）醇邸、赵伯远、李星吾、汪柳门、孙子授、许筠庵皆赠鲜荔枝，李最多。”“（1892年7月8日）李惺吾送荔枝，庆邸亦送荔枝。”“（1894年7月11日）李心吾（李瀚章长子）送荔枝，庆邸送荔枝。”此荔枝，大抵是广东荔枝。其一许应骙是广州人，再则李心吾之父李瀚章曾为两广总督，与广东渊源甚深。

比较而言，谭延闿身临其地，对广东荔枝的情怀与记录，就多多了。

我们都知道，谭延闿是近代史上的饮食大家，可以说是湘菜得以成系的关键人物，谭府菜至今风韵犹存，与广东也渊源甚深：乃父1895年督粤时，17岁的他曾携新婚妻子相陪侍，并于乃父应召北上的1899年在广州生下长女；1923年，又因追随孙中山先生抵粤，任大元帅府内务部长，旋调建设部长，复兼大本营秘书长，后任建国湘军总司令兼建国军北伐总司令，湘军改组后以国民党中央执委常委身份兼国民革命军第二军军长，直到1926年4月以政治委员会主席及代理政务会议主席并国民政府主席兼第二军军长北伐后，才离开广州。其间除因军旅之事间或离开广州，大多数时间居停广州，并在日记中留下了不少珍贵的饮食史料，这里且先谈谈吃荔枝。

谭延闿日记中的吃荔枝是以梦幻为开端的。1923年6月18日，时值端午节，他应该品尝过广州的荔枝了，虽然未曾在日记中记下何日始食，却在当日的梦后诗中留下端倪："客里谁知节物妍，南风红熟荔枝天。我今别有莼鲈思，一尺鲥鱼角黍筵。"次日，他应进士同年好友江孔殷之邀前往风月胜地陈塘的燕春台宴饮，便写到了吃荔枝："食荔支，细核厚肉，号为桂味，胜平时食多矣。"一句"胜平时食多矣"，即可知他早已吃过。

但是，更好吃的荔枝，却在他所居的东山简园。简园原是南洋兄弟烟草公司简琴石的产业，曾充德国领事馆，今获列为国家重点文物保护单位，不独其历史渊源，也为其建筑之讲究，包括当日园中所植荔枝之品种。故1923年6月21日谭延闿"午饭后，摘园中鲜荔食之"，直呼"种佳过于市买"；次日再摘食，始辨"乃桂味也"，并邀"仲恺、元著诸人皆同食"，均"大称美"。

因为有善吃的招牌，谭延闿便能得到好吃的馈赠，包括荔枝，包括孙中山的亲赠："（1923年6月24日）七时，大元帅归自石龙，携有增城荔支，欲过桂味，饱啖久之，尚恨非挂绿也。"挂绿不易吃到，桂味

桂味荔枝

快过季了，“食荔支久之，桂味已空，黑叶终非佳品”，怎么办？不怕，糯米糍驾到：“（1923年6月26日）江虾（即江孔殷的绰号）送糯米糍来，黄盘亦致桂味，参互食之，仍以桂味为佳，甜而不腻，脆而不靡，味近龙眼而腴厚过之，特不知视挂绿如何耳。”

城中吃得嫌不够新鲜过瘾，便又于1923年6月27日“约同（蒋）介石乘大西洋电船往游黄埔”，前往本地籍同僚启民先生家乡，“荔子林中，累累万实，听人摘食。云有桂味、黑叶两种，仍桂味佳。糯米糍尚未尽熟，至槐荔出则荔事尽矣”。只可惜“黄埔有香荔一株，在增城挂绿上，惜今已罄，为之怅然”。怅然之余，仍趁荔事未尽，大快朵颐：“（1923年6月26日）食荔枝甚多，近来日啖荔支，知三百颗非难事矣。”更幸运的是，还吃到了“食神”江孔殷馈赠的传奇“挂绿”：“（1923年7月3日）江虾送荔枝来，云增城挂绿，食之，觉在桂味、黑叶之间。核大而圆，内脆而嫩，然壳无绿痕，与年前在大本营所食同，未必真老树也。仲恺言挂绿者，荔支接龙眼树所产，核圆皮薄，及蒂有小枝，皆其证，殆近之矣。”

凡事过犹不及，坊间即有“荔枝吃多了会上火”之说，当日相传还会引起中风：“（1923年7月6日）沧白云报纸载荔支风，盖荔支食多足以致疾，为之憬然。”好在这一年的荔事将尽，不用担心中荔枝风了。转年，日常所食，不足记之，却在去六榕寺里拜见铁禅和尚时，听说了肇庆一种香荔，味在挂绿之上：“（1924年6月6日）食黑叶荔枝一盘。和尚云荔枝以肇庆某县香荔为最，核几于无，前清为贡品，在挂绿上，此吾所未知。沈演公亦云，虽善食荔枝者食香荔，无能积核至一杯者，小可知矣。”这下又把谭延闿的胃口给吊了起来！

再转过一年，吃了两年荔枝后，谭延闿便开始从对本地荔枝品种的品评进而至于全国了：“（1925年5月18日）与哲生、铁城诸人饭。饭后，食荔枝。桂味诚为高选。昔人谓东坡不知闽荔之佳。汪精卫云朱竹垞初至粤食荔支，乃大荷包，又曰大红袍，叹不及闽远矣；及食黑叶，乃云不过与闽等；最后食桂味，乃叹曰非闽所及矣。其言不知出何书，然可知闽不及粤，无或疑焉。”并作《戏答伍梯云》，极赞荔枝之美：“万树阴浓果熟时，水村风味耐人思。释兵何必烦杯酒，正拟将官换荔枝。”苏东坡说“日啖荔枝三百颗”不过是“不辞长作岭南人”，谭延闿则是有了荔枝吃，达官都可辞，何用贬官为！有这等情怀，亟宜奖赏！果不其然，他旋即吃到了当为前述肇庆香荔的新兴荔枝：“（1925年7月27日）得食新兴县荔枝，小如龙眼，肉丰核小，与桂味略近，云佳种也。”新兴当日乃肇庆府属县，出香荔，于史有载：“又一种大如龙眼，亦无核，绝香，名曰香荔，出新兴。然皆不如挂绿之美。”（屈大均《广东新语》）辅佐当时世界首富、行商伍崇曜编刻出版影响深远的大型文献《岭南遗书》《粤雅堂丛书》的晚清广州名士谭莹，也即后来在饮食史上与谭延闿并驾齐驱有“南北二谭”之称的北京谭家菜创始人谭宗浚的父亲，其《岭南荔枝词》六十首之十四，就专咏新兴香荔：“由来香荔说新兴，敛玉凝脂得未曾。花气袭人浑不断，更怜清似欲消冰。”可见新兴香荔之历史驰名。

其实新兴香荔又何尝不如挂绿？乾隆元年进士、官至户部员外郎的葛祖亮在吃过新兴香荔后就赋《食广东新兴县荔枝》诗大赞曰：“仙游曾饷满筐鲜，饱食如啖玉乳泉。灵气东南连海日，琼浆风味并清妍。垂垂紫绀驯囊火，沥沥晶莹跨露莲。（张九龄赋：‘紫纹绀理。’东坡诗：‘炎云驯火实。’）笑远红尘飞骑净，乐天图画亦空悬。”意思是说，我吃过新兴的荔枝后，哪用再读你白居易《荔枝图》？福建的荔枝更不在话下。哼哼！

岭南饮食，重在生鲜，荔枝亦复如是，谭延闿观荔枝亦复如是，并在他离粤前夕，反复陈示：“（1926年7月3日）护芳、徐大来，乃同赴荔枝湾……入荔香园，荒秽不堪，主人陈花村伧俗可笑，就树摘荔枝待客，则颇甘香。然百树无一二实者，岂时过耶？出仍登舟，买得荔枝，不如顷所食矣，信生香之可贵也。”7月8日，“始食桂味荔支，信为甘美，深惧大武之来后时也”；来迟了，还有荔枝吃，只是不新鲜了。清初的屈大均说他有上佳的荔枝蜜渍保鲜之术，可以终年吃到生鲜荔枝：“而予又得藏荔枝法：就树摘完好者，留蒂寸许，蜡封之，乃剪去蒂，复以蜡封剪口，以蜜水满浸，经数月味色不变，是予终岁皆有鲜荔支之饱，虽因之辟谷可矣。”但是，屈大均毕竟不是一代食神，其观点自当不为谭延闿所认可吧。其弟大武归粤虽迟，未及直接品尝到新鲜的桂味荔枝，可是大武在香港应该品尝过，并由此认可了苏东坡“荔枝似江瑶柱”的说法：“（1926年8月9日）吕满、大武、细毛归自香港，云大武昨日午后五时开船，且在港晤江虾，扰其南塘酒店一台。又云鲜江瑶柱洁白脆美，大为大武所赏，以为东坡似荔支之言不诬。吾记曾尝之，亦有此论，不记在何时日记中矣。”

其实，生鲜与否，与时俱进。从前荔枝一日而色变，三日而色香味俱变。就在谭延闿离粤数年之后，1930年7月5日，他在南京吃到的国民党粤籍元老胡汉民所送的荔枝，从广州至南京，至少也过了两三日，他仍觉十分新鲜，说“展堂送荔支极好，无异在广州食之”，并为此大感兴奋，“为题其笺幅以报之”。如此，当不仅止于交通条件之改善，必有其他辅助保鲜之措施，惜暂未见相关史料。

三、西征北伐：“食在广州”的黄金时代

自从明代一口通商开始，岭南特别是广州的繁荣富庶就甲于天下，饮食之盛，自是无与伦比。但是，长期以来，却声光不显，如前所述，到咸同年间，还为姑苏馆所囿。而我们今天回过头来看，发现广东饮食的西化元素甚重，特别是向外拓展过程中，助力似乎也更大，也可能是粤菜需要从文化上借外来元素以调和中原或江南传统的影响，才能开辟出新的局面吧。而在向外拓展的过程中，我们分明看到文化包括商业文化上的推波助澜，才终于成就“食在广州”的大江大海；这方面在上海尤其表现突出。

（一）西餐的广州渊源与“食在广州”的传播

西餐东传，不单在中国饮食史上，即使在中国文化史上，也是值得重视和探讨的。而西餐东传的首功，按理说，应该属于两千多年来一直保持对外开放，明清以来长期维持一口通商局面的广州。可是，由于上海的后来居上，由于北京的帝都气魄，由于广东的“沉默寡言”，这功劳与贡献常常被剥夺并加诸京沪。比如包天笑先生的《六十年来饮食志》说：“西菜始流行于上海，起初名曰番菜，又名曰大菜，内地当时尚无之，故内地人到上海来，有两事必尝试之，一曰坐马车，一曰吃番菜。此两者均为新奇之事。”赵珩先生《西风东渐说“番菜”》（《南方都市报》2014年7月8日）则说北京早已有之：“康熙时宫里就有番菜房做番菜，置办了整套的西餐餐具，包括各种不同的酒杯，喝香槟使什么杯子，喝葡萄酒、喝威士忌酒、喝白酒各使什么样的杯子；什么是鱼刀、什么是黄油刀、什么是餐刀，那都分得清楚极了。”但是，皇宫里的事儿不足为据；再者，皇宫里的西厨从哪儿来？绝非北京，更非上海，只有广州——一般谈广州西餐的起源，往往只溯自1860年太平馆的建立，当然这已经早过京沪多多了，其实还应该更往前溯及外夷洋行和广州行商的帮厨侍仆。

1. 夷馆粤仆与西餐的兴起

广州人很早就学会了做西餐，因为很早就有了广州人用西餐招待西人的记录。据程美宝、刘志伟教授《18、19世纪广州洋人家庭里的中国佣人》考证，早在1769年，行商潘启官招呼外国客人时，便完全可以依英式菜谱和礼仪款客，这足以改写当下的中国西餐起源说，同时也反证了中国菜的不待见。我们还知道，旅居广州的西方商人，在朝廷厉禁之下，不得携家带口，许其雇请中国仆人，已是网开一面。而从程美宝教授征引的外文文献中，我们从未发现夷馆里的粤仆做他们拿手的粤菜，而是做得出十分高明的西餐及点心、饮品。一位奥地利女士观察记录说："早餐包括炸鱼或炸肉排、冷烤肉、水煮鸡蛋、茶、面包和牛油……正餐包括龟汤、咖喱、烧肉、烩肉丁和酥皮糕点。除了咖喱之外，所有菜都是英式做法——虽然厨子都是华人。"1839年春，林则徐开始在广州禁烟，其中的一个措施是勒令夷馆的华仆撤离，"（3月24日）突然有几百名中国人（估计约800人）被迫离开商馆，商馆好像死地。在各种服役工作方面——连一个帮厨的人都不准留下，外国居民简直束手无策。结果，为了生存，他们被迫自己尝试做饭、收拾房间……"当我们尝试去烤一只阉鸡、煮一只鸡蛋或马铃薯时，与其说是诉苦，不如说是好笑……我们的主任格林，试着煮饭失败之后——煮出来像一团硬胶……洛先生自觉地干他力所能及的事，但当他把面包烤焦，又把鸡蛋煮成硬的葡萄弹之后，他放弃这份工作……"（亨特《广州番鬼录》）这也说明这些洋大人离开广州粤仆帮厨，就会连饭都吃不上。

中资的洋行，因为工作需要，也学着夷商做西餐搞接待，并渐渐地成为风尚。如上述，早在1769年，行商潘启官招呼外国客人时，便完全可以用英式菜式和礼仪款客。1844年10月间，法国公使随员伊凡受当时最著名的行商之一潘仕成之邀参访广州城，也曾被饷以西餐："他们用欧洲礼仪来招待我们——也就是说，一个中国仆人，学会做某些可怕的英式食物。”特别是餐后甜点，潘仕成的13个老婆做的蛋糕和小甜乳酪以及做得更好的汤，更充分也更合适地显示了当时广州人做西餐的水准：“它们香甜可口，我们再也找不到更好的词语去描述它们有多么香甜。这说明这些小块蛋糕真的很好很好。顺便说一下，汤做得更好。”（《广州城内——法国公使随员1840年代广州见闻录》）所以，瞿兑之教授在《人物风俗制度丛谈》中说：“一百一十余年前，广州已有租界气象，官场应酬已以大餐为时尚矣。”

2. 上海西餐：从华仆到粤厨

随着上海开埠，洋人数量也与日俱增。洋人增多，首先需要的不是西餐馆，而是会做西餐的华仆，初期自然是从广州携来。到后来上海番菜（西餐）馆兴起，自然也是首聘粤厨。

据《清稗类钞》，1875年上海出现的第一家中国人开办的番菜馆一品香，就由粤厨主理：“号主徐渭泉卿，开设于光绪十四年，其中大小房间多至四十余间，聘著名粤厨司烹调之役。”其实，《申报》的番菜广告告诉我们，上海小番菜馆比这一品香番菜馆出现得更早，如1873年12月17日生昌番菜馆的广告说：“生昌番菜号开设在虹口老大桥直街第三号门牌，以自制送礼白帽、各色面食，承接大小番菜，请诸君惠顾。”生昌号就是后来的杏花楼，也即至今犹存的百年老字号粤菜馆：“启者：生昌号向在虹口开设番菜，历经多年，远近驰名。现迁四马路，改名杏花楼，择于九月初四日开张。”（《杏花楼启》，《申报》1883年9月28日）

相比生昌号，广州第一家西菜餐馆太平馆早在1860年就开张了，而且广州西餐早已洋为中用，力压洋人西餐，不比上海番菜馆总是屈居洋西餐之下：“上午10点钟当我再次醒来时，不想喝那鸡尾酒了。我洗漱完后，就自己到餐厅去用早餐。在这里，我们开始谈论一种最豪华的清式大餐，是用牛排做的。先前，我常听人说广州牛排如何如何美味，但从未有亲口尝过。”（1861年2月22日《纽约时报》新闻专稿《清国

上海杏花楼

名城广州游历记》，载郑曦原《帝国的回忆——〈纽约时报〉晚清观察记》）

广州西餐好，广州厨师好，上海番菜餐馆便以粤厨为招徕。1862年7月19日的《上海新报》第67期的一则招聘广告就直说：“现拟招雇厨司一名，最好是广东人。”当另一重要口岸天津也要发展西餐以应时需时，也唯广东帮马首是瞻；1907年4月，天津广隆泰中西饭庄在《大公报》发布的广告就称：“新添英法大菜，特由上海聘来广东头等精艺番厨，菜式与别不同。”所以，上海西餐（番菜），以广东为正宗。其实番菜的得名，也正源于广州：“广东人华夷之辨甚严，舶来之品恒以“番”字冠之，番菜之名始此。”（《海上识小》，《晶报》1920年1月9日）

3. 京沪粤菜馆：粤菜恃番菜以行

粤菜固以豪奢见称于世，但初初挺进京沪，却不敢以豪奢逞雄，毕竟口之于味，有不同嗜焉，故早期上海的粤菜馆，基本上是消夜馆，豪华的粤菜馆都是民国以后特别是国民革命军北伐之后才逐步大兴。早期开番菜馆的多是粤人，也是逐市场而行——上海人赶时髦好番菜；广东人经营的消夜馆也多兼售番菜，以为招徕。在1912年上海主要消夜店一览表中记载："竹申居，福建路一四九号，兼大菜。"1918年版的《上海商业名录》收录了80家菜馆，其中5家粤菜馆中的著名杏花楼新记，即兼营番菜。1919年版《上海指南》所列的主要粤菜馆，东亚酒楼也兼营番菜。即便到了20世纪20年代，粤菜在上海地位已经雄踞诸帮之上，傲立南京路的著名粤菜酒楼仍然兼营西餐，如上海世界书局1925年出版的《上海宝鉴》，所列上海主要粤菜馆中，著名的东亚酒楼和大东酒楼均兼营西餐，久已驰名的粤菜馆杏花楼更不例外。如1935年4月26日，上海市长吴铁城宴请美国经济调查团，筵席便由四马路的粤菜馆杏花楼承办，"菜为高等分餐式，即粤菜西食"。

以前，大家都认为北京早期没有什么粤菜馆，其实不仅有，而且非常高大上，关键是比上海更"中西合璧"，所以后来北京相关部门的回顾总结，就直接以"北京最早的粤菜馆和番菜馆"，将粤菜和番菜合而言之。（郑文奇主编《宣南文化便览》）陈莲痕《京华春梦录》对粤菜进京的情形及其菜谱和味道都有较详细的描述："东粤商民，富于远行，设肆都城，如蜂集葩，而酒食肆尤擅胜味。若陕西巷之奇园、月波楼，酒幡摇卷，众香国权作杏花村，惜无牧童点缀耳。凉盘如炸烧、烧鸭、香肠、金银肝，热炒如糖醋排骨、罗汉斋，点心如蟹粉烧卖、炸烧包子、鸡肉汤饺、八宝饭等，或清鲜香脆，或甘浓润腻，羹臛烹割，各得其妙。即如宵夜小菜及鸭饭、鱼生粥等类，费赀无几，足谋一饱。而冬季之边炉，则味尤隽美。法用小炉一具，上置羹锅，鸡鱼肚肾，宰成薄片，就锅内烫熟，瀹而食之，椒油酱醋，随各所需，佐以鲜嫩菠菜，

粤式打边炉

益复津津耐味。坠鞭公子，坐对名花，沽得梨花酿，每命龟奴就近购置，促坐围炉，浅斟轻嚼，作消寒会，正不减罗浮梦中也。”其中最著名的，当属醉琼林，而醉琼林正是粤菜西菜合一的酒楼。

北京如此，天津亦然。直到20世纪30年代，粤菜馆的特色之一仍是中西结合：天津西餐馆，大华最好，太平洋次之，“再次于‘太平洋’西餐馆的，如‘中原酒楼’‘紫竹林’‘北安利’‘新旅社西菜部’‘宴宾楼’‘冷香室’‘奇香食堂’等，都是中西餐俱备，或以西餐为副业以中餐为主要营业的。除‘紫竹林’‘新旅社’‘冷香室’外，全是粤菜馆”。并特别指出，之所以如此，是“因为各地‘广东派’饭馆都是中西兼备，而‘紫竹林’等不过效法‘广东派’而已”。（王受生《天津食谱：关于天津吃的种种》，《大公报》天津版1935年2月24日）也即是说，中西兼备，是广东菜的全国标配！

（二）北京：从醉琼林到谭家菜

李一氓先生《饮食业的跨地区经营和川菜业在北京的发展》说：“限于交通条件、人民生活水平和职业厨师的缺乏，跨省建立饮食行业是很不容易的。解放以前大概只有北京、上海、南京、香港有跨地区经营的现象。”对粤菜的跨地区经营，上海提到了大三元、冠生园、大同酒家等数家，北京则只提及著名的谭家菜和王府井一个小胡同里的梁家菜，给人的印象是没有什么正规的粤菜馆似的。其实大为不然！大三元、冠生园、大同酒家等驰骋沪上时，那固然是粤菜的黄金时代，尤其是在上海，但粤菜馆在北京的黄金时代，却要早得多，那时候，粤菜馆在上海，还只处于消夜馆的阶段。

1. 醉琼林与北京粤菜馆的全盛时代

1935年版《北平旅行指南》说，虽然由于迁都，北平的饭馆业较清末民初全盛时代十已去六，湘鄂赣皖滇桂等省菜馆已经绝迹，但广东菜馆还是为数不少，记录的有：东安门外的东华楼，代表菜式为蚝油炒香螺、干烧笋、五柳鱼、红烧鲍鱼；东安市场的东亚楼，代表菜式为叉烧肉、鸭粥；八面槽的一亚一，代表菜式为鱼粥、鸭粥；西单市场的新广东以及新亚春等。再加上未记录的，以及后来由一亚一衍生出的著名的小小酒家等，已经是很不错了，那全盛时代是怎么样的一种光景呢？醉琼楼最堪代表。

早在1907年，《顺天时报》就曾对醉琼楼做过连篇累牍的报道，先介绍其环境的优胜：

> 陕西巷醉琼林中西饭庄，新近在后院又添盖一层西式大楼房，六月初便动工，到本月方才造成。是三楼三底，一律用红砖砌成的。屋门都是洋式。用五色玻璃嵌配，内容间料，特别宽大，可以容下大圆桌面四桌酒。楼上三大间，楼下三大间，文明优美，高敞无比。

再分别介绍其粤菜与西菜的特色：

> 广东佳肴：菜肴向来总说是南方好，南方更数广东菜为最佳。

> 广东本省不必说，即如上海四马路的杏花楼，有一种特别规则，名叫消夜，每人两毛钱，花钱不多，口味很好。北京城饭馆虽多，却从醉琼林开辟后，广东菜方才发见，北京人方得品尝。醉琼林的菜肴，山珍海错……真是烹调独步，味压江南……醉琼林的番菜，都是仿照英法大餐烹调法，又斟酌中国人的口味，火候得宜，浓淡合式。所以宴春园虽开在先，不能如醉琼林的热闹；东安饭店虽开在后，又不能如醉琼林的兴盛：同是番菜馆，却优劣不同。

此外还多备西式的洋酒、咖啡、烟草及牛奶、糕饼等。

因为“软件”“硬件”以及“背景”皆属一流，醉琼林自然成为“网红”餐馆，连一些大型政商活动，都设席于此。比如东海词人《春明梦话》（《小说新报》1917年第1期）说第一届国会召开时，各省议员每日散会，“一声铃震，高冠革履之议员，眼架晶镜，口衔雪茄，挟藤杖入马车，锦鞭一扬，马蹄如飞，大餐于醉琼林（著名之餐馆）……”。

鲁迅先生也去过多次：“（1913年9月10日）晚，寿洙邻来，同至醉琼林夕飧，同席八九人，大半忘其姓名。”“（1914年1月16日）晚，顾养吾招饮于醉琼林。”鲁迅去，他的章（太炎）门同学国学大师黄侃也去：“（1913年6月15日）赴赵星甫宴于醉琼林，王赓在座。”“（1913年8月13日）至尧卿家晤王庚，约晚在醉琼林饭。夜赴王庚约，座甚喧，不待席而归。”“座甚喧”，正显其食客盈门，热闹非凡也！然而，稍后谭延闿去，才更显大牌，且不说功名、官爵，至少从饮食界的地位上讲，那是无与伦比的：

> 1911年4月26日：晚至醉琼林，赴顺直咨议局之招。阎凤阁、王古愚二人为主人，客十五人，西餐。有王卓生自云于志谨处曾相见，殊茫然也。
>
> 1911年5月26日：至醉琼林，与袁、谢、李、于、窦同作东家，大请议员，到者二十余人。

1914年1月20日：至醉琼林应陈子皋、刘棣华之招。汤济武、严仲良、邓子范、陈荣镜、周毅谋同座。（《谭延闿日记》，中华书局2018年版）

2. 恩承居的新时代

在醉琼林消歇前，恩承居为代表的新一代粤菜馆早已继起。比如桃李园，大名鼎鼎的杨度说："广东菜馆，曾在北京为大规模之试验，即民国八九年香厂之桃李园，楼上下有厅二十间，间各有名，装修既精美，布置亦闳敞，全仿广东式，客人之茶碗，均用有盖者，每碗均写明客人之姓氏（广东因为麻疯防传染，故饮具无论居家或菜馆妓寮等处，均注明客之姓氏），种种设备均极佳。宴客者趋之若鹜，生涯盛极一时。菜以整桌者为佳，如'红烧鲍鱼'、'罗汉斋'（即素什锦）、'红烧鱼翅'等均佳。"（虎公《都门饮食琐记》，《晨报》1927年1月30）《顺天时报》说："大总统（冯国璋）日前在府宴会蒙古王公及特文武各官，早晚宴席需用百余桌，系香坞新开之桃李园粤菜饭庄承办，闻大总统及与宴之王公等颇赞赏菜味之佳美云。"（《总统赏识粤菜》，《顺天时报》1918年1月18日）则桃李园之开办在民国七年

红烧鲍鱼

素炒豌豆苗

（1918）而非八九年，而其一出场就艳惊总统，更是虎公杨度种种形容的最佳的注脚。

后来的恩承居，因其粤味至正，以小餐馆而得大声名："南馆中能保持原来滋味的，只有'广东馆'，一切蚝油、腊味、叉烧、甜菜、肉粥，以及广东特有肴馔，都能保持原来面目，也有号称广东馆而专卖小吃的，如恩承居便是。"（金受申《老北京的生活》）。酒香不怕巷子深，菜好不怕馆子小。王世襄《谈北京风味》说，一直到解放初，恩承居还是著名的"八大居"之一："当时的名饭馆还有'八大居'和'八大楼'之说。'八大居'是：广和居、同和居、和顺居、泰丰居、万福居、阳春居、恩承居、福兴居。"

恩承居的正味与名人的效应相得益彰。比如说炒素豌豆苗，唐鲁孙《谈酒》说："从前梅兰芳在北平的时候常跟齐如老下小馆，兰芳最爱吃陕西巷恩承居的素炒豌豆苗，齐如老必叫柜上到同仁堂打四两绿茵陈来边吃边喝。诗人黄秋岳说名菜配名酒，可称翡翠双绝。"又说："高阳齐如山先生不但博学多闻，而且是美食专家，当年北平大小饭馆，只要有一样拿手菜，他总要约上三两知己去尝试一番。"恩承居就是齐如山先生四处觅食中的"妙手偶得"之作："北平陕西巷是花街柳巷八大胡同之一，北方清吟小班大部分集中此地。偶然间齐先生发现陕西巷有一家小馆叫‘恩承居’，而且是广东口味，不但清淡味永，而且菜价廉宜，从此恩承居成了他跟梅畹华几位知己小酌之地了。”恩承居名人云集，以致有人称其为“小六国饭店”。

3. 小小菜馆的群星闪烁的时代

凡属孤芳自赏，必难持久做大。旧京粤菜馆之前有醉琼林、桃李园，后有恩承居及京华酒楼，当然不是孤芳自赏，而是有一大批此起彼伏的大小粤菜馆在，只是大多数人囿于一管之见，“只见树木，不见森林”而已。比如陕西巷的天然居广东菜馆，一般人并不知道，其实还挺有故事的。如旭君在《零缣碎锦》（《新中华报》1929年3月9）说，陕西巷旧有天然居粤菜馆，他曾与朋侪小饮于其中，客云：“天然居有联语云：‘客上天然居，居然天上客。’颇难属对。后见有某杂志中曾记此事，某对句云：‘人来外交部，部交外来人。’可谓工整。”但当然最有故事的，莫过于民国“食神”谭延闿曾数度光临：

1913年12月3日：同黎、梅、危至天然居吃广东大锅，饮尽醉。

1913年12月11日：同黎九、梅、危至天然居饭广东锅，尚佳，有清炖牛鞭，则无敢下箸者，亦好奇之蔽也。

1913年12月15日：至天然居赴龙伯扬之招，久待乃至。

1913年12月18日：至天然居王揖唐招，席已半客。

文明书局1922年版《北京便览》载录的一家粤菜馆福祥居，更是未见人提及。其实，如果我们仅仅通过邓之诚1926年6月至11月3个月的日记，即明白20世纪20年代北平不知有多少粤菜馆被人遗忘了：

八月初五日：扰费东安市场东亚粤菜馆，甚佳。

八月十三日：小饮于东亚粤馆。

八月三十日：晚饭于韩家潭广东小饭馆名北记者。

十一月五日：饭于王广福斜街一广东馆，费四元二角。

十一月六日：饭于东安市场一新开粤菜馆，色色俱佳，且不昂贵。

十一月九日：晚扰费闰生在粤楼。

十一月二十五日：费闰生、杨颢谷同来，饭于联记，是新开广东饭馆。

十一月二十六日：闰生等旋来，饭于联记。

20世纪30年代，名家笔下的粤菜馆也不少。大作家张恨水审定的《北平旅行指南》载录了好几家广东菜馆，并列举其招牌菜曰：“东华楼，欧公祐，二十年一月，蚝油炒香螺、五柳鱼、红烧鲍鱼、干烧鱼，东安门外；东亚楼，叉烧肉、江米鸡，东安市场；一亚一，鱼粥、鸭粥，八面槽；新广东，西单商场；新亚春，陕西巷。”其中的东亚楼尤其有名：“他家做的粉果特别出名，因为大梁（即大良，顺德县城所在地）陈三姑有一年趁旅游之便，在东亚楼客串做过粉果，他家的粉果是用铝合金的托盘蒸的，每盘六只，澄粉滑润雪白，从外面可以窥见馅的颜色，馅松皮薄，食不留滓，只有上海虹口酿虹庐差堪比拟，广州三大酒家都做不出这样的粉果呢！”不过说东亚楼“门面虽然不十分壮丽，可是北平的广东饭馆，只此一家”，显非。（唐鲁孙《令人怀念的东安市场》）曾任北京大学教授的广东籍著名学者黄节就曾在东亚楼这家家乡菜馆宴请杨树达、林公铎及孙蜀丞：“遇夫先生大鉴：明日（星期一，旧十七日）正午十二时约公铎、蜀丞两君到东安市场东亚楼小酌，请移玉过谈为幸。”（黄节《致杨树达》）

此外，还有一家岭南楼，那可是大名鼎鼎的吴宓教授去吃过且记了日记的：“（1930年9月11日）宓与贤至朗润园外，依依不忍别，卒乃至岭南楼饭馆，贤邀宓晚餐。”

20世纪30年代的广东菜馆中，比东亚楼更为人乐道的是小小酒家。最早提到小小酒家的是顾颉刚，他在1935年9月2日日记中说：

“与履安到西单商场新广东吃饭……到东安市场小小酒家吃饭。”小小酒家是正宗粤味，老板却无一粤人。董善元先生在《小小酒家》的专文中说这家一九三四年开业的小店二十多名店员无一人来自广东，但三位老板都来自广东菜馆一亚一：跑堂郭德霖、掌灶刘克正和擅长烧烤、卤味的厨师程明，特别是程明还讲得一口广州话；如此，也称得上“食在广州”的传播佳话！其实小小酒家并不小，三楼三底，楼上是雅座，楼下是散座；发展到1947年，又把西邻的铺面房接过来，面积扩大了一倍，成为更有名气的广东菜馆；到20世纪50、60年代，还能继续发展，直到1968年东安市场拆建并入了新场饮食部才告消歇。（董善元《阛阓纪胜：东安市场八十年》）

著名学者邓云乡当年曾跟随父亲到小小酒家尝味：“两菜一汤，或者也可说三个菜，即蚝油牛肉、炒鱿鱼卷、虾仁锅巴。后一个不是炒虾仁，而是汆虾仁，把刚炸好的锅巴倒进去，“喳喇”一声，香气四溢，汤汁很多。既是汤，又是菜；好吃，又好玩。”“给我留下极为深刻的

蚝油牛肉

印象，并懂得了蚝油的美味，从此我就十分爱吃蚝油牛肉了！"（邓云乡《蚝油牛肉》，载《云乡食话》）

小小酒家名声在外，以至有人在日本吃广东菜，都要拿小小酒家来比附："（横滨南京街）'海胜楼'是广东的菜馆，他们不仅卖五加皮酒，而且广东仅有的米酒，他们也有充分的预备，叉烧和烤肉都很不错，这和天津的北安利、北京的小小酒家有什么异样呢？"（《惹人留恋的横滨》，《妇女新都会》1940年12月18日）

抗战胜利后，新开的京华酒楼也煊赫一时，老板彭今达接受《一四七画报》专访的情形，牛皮吹得还是有些靠谱的，比如问"广东人为什么这样讲究吃"，他回答说："第一个是因为风气使然，第二个是因为广东与繁荣、面对什么都考究的香港距离近。"再如问"广东菜的特殊点是什么"，答曰："就是广东菜里能够把别处不用的菜，或'零碎'，都能用来泡制，做成能够吃的菜；其他，大都是拿他处原有的菜，加以改良的了。"真是与冼冠生之说异曲同工了。"要再说粤菜的特殊点，我们还可以说，粤菜处处考究。""客人要预备一桌菜，当这桌菜摆上来的时候，菜的颜色与味道，均能够配制不同，九种菜便能做出九种颜色、九种味道来。"（《粤人谈吃——在广东：京华酒楼一夕谈》（上），《一四七画报》1947年第12期）可以说，这些回答，均能道出粤菜特质，宜其笑傲京华了。

（三）上海：从北四川路到南京路

上海开埠，是英国在鸦片战争后最重要的选项之一，也是对广东经济社会发展最重要的影响之一——不久之后，它就取代广州成为中国最重要的对外贸易口岸；与此同时，粤籍买办、粤商、粤籍工匠以及相关服务人员，蜂拥地随着洋务及生意北上。粤菜自与之俱，从服务粤人的消夜馆、小吃店，到服务社会的茶楼、酒肆，粤人凭着自己的勤劳、与时俱进的服务、商业上的创新，很快从北四川路粤人的聚居点，挺进到商业中心的南京路，在群雄逐鹿之中，力压各路菜系，最后获得国菜殊荣，“食在广州”也因此深入人心，极于辉煌。

1. 北四川路时代：从糕饼店到宵夜馆

上海的粤菜渊源，可以远溯到开埠以前。广东人会做生意，尤其是潮州人，驾起红头船，不避艰险，南下北上，在上海尚未开埠时，就已经越海北上抢占先机了。就像晋人张翰在洛阳想起了故乡的鲈鱼莼羹一样，在上海的广东人也总会想吃故乡的食品，于是1839年便有潮州人开设了“元利”食品号。但这还不是菜馆，只是专门制作潮汕一带出名的糕点食品；开菜馆的条件，无论资本与市场，都还远未成熟，但由糕点而茶楼是很正常的，就像菜馆的前戏。上海最早的广式茶居利男居开设于1902年，创始人钟安正是做糕点起家的。利男居如此，当时上海滩的广东茶楼“六大居”（即利男居、同安居、同芳居、群芳居、怡珍居、易安居）尽皆如此，后来最负盛名的新雅粤菜馆也不例外。嗣后，茶居为了不断扩大经营，糕点而外，叉烧香肠、熟食卤味，逐步引入，连酒也随着肉食引了进来，这茶居，就渐渐变成了酒楼，应有尽有了。

但是，开埠以后的上海，地位迅速蹿升，各路菜系在此云集，且各有渊源，各有优长，粤菜馆要想脱颖而出，殊非易事。商机敏锐的广东人，以其勤劳和智慧独辟蹊径——开宵夜馆。这可是内地人所不愿为的。如《沪江商业市景词》之《宵夜馆》所言：“馆名宵夜粤人开，装饰辉煌引客来。”一提到宵夜就想到这是广东人开的。《申江百咏》也说：“清宵何处觅清娱，烧起红泥小火炉。吃到鱼生诗兴动，此间可惜不西湖。”看来，在上海，除了广东馆子，宵夜就没得吃，找来找去，还是只好找广东馆子。清末民初的《海上竹枝词》，更早地反映了广东宵夜馆在上海的兴起：“广东消夜杏花楼，一客无非两样头。干湿相兼凭点中，珠江风味是还不。”“冬日红泥小红炉，清汤菠菜味诚腴。生鱼生鸭生鸡片，可作消寒九九图。”广东人不仅异常勤快地开着别人不愿熬夜开的宵夜馆，而且还蛮认真的，不仅“装饰辉煌”，出品也还丰富着、新鲜着呢，因此引来了骚人墨客的致敬。如有人拟白居易《不如来饮酒》作诗二首：“不如来饮酒，消遣此寒宵。炉火红泥炽，羹汤白菜烧。三杯供醉啖，一脔学烹调。待得生鱼熟，筷儿急急撩。”“不如来饮酒，转坐火炉边。菠菜腾腾热，冬菇颗颗圆。饱余心亦暖，餐罢舌犹鲜。归去西风紧，何妨带醉眠。”（碧《冬夜广东馆吃边炉之暖热》，《图画日报》1909年第110号）

此后，直到20世纪20年代，上海的粤菜馆，几乎仍是清一色的宵夜馆。如少洲先生在上海《红杂志》1923年第41期发表的《沪上广东馆之比较》，列举了虹口一带的主要广东菜馆14家，其中宵夜馆12家，占绝大多数；开设最早的广吉祥和怡珍餐馆两家也正是宵夜馆。而最赚钱的也还是宵夜馆：“味雅开办的时候，仅有一幢房屋，现在已扩充到四间门面了，据闻每年获利甚丰，除去开支外，尚盈余三四千元，实为宵夜馆从来所未有。”而广东的宵夜馆赚钱，是因为它的出品好：“若论他的食品，诚属首屈一指，而炒牛肉一味，更属脍炙人口。同是一样牛肉，乃有十数种烹制，如结汁呀，蚝油呀，奶油呀，虾酱呀，茄汁呀，一时也说不尽，且莫不鲜嫩味美，细细咀嚼，香生舌本，迥非他家所能望其项背，可谓百食不厌。有一回我和一位友人，单是牛肉一味，足足吃了九盆，越吃越爱，始终不嫌其乏味。还有一样红烧乌鱼，亦佳，入口如吃腐乳。”它的出品好，是因为广东人经营宵夜馆，并不是简单地向市民提供充饥果腹的食物，而是把它当做正餐来做。如“江南春专售中菜式的番菜，又可以唤作广东式的大菜”。广东人之所以这样做，是出于他们的精明与务实——在上海国际化的进程中，占据晚间的消费空白点。晚间强劲的消费，是所有都市国际化进程中的必然现象。所以，五六十年过后，易中天先生看到在开放改革中先行一步的广州发达的宵夜市场时，认为“十分罕见，不可思议”，仍认为最足表征“食在广州”：“深夜，可以说才是‘食在广州’的高潮……近年来由于物质的丰富和收入的增加，宵夜的人越来越多，经营宵夜的食肆也越来越火爆……构成独特的‘广州风景’……这在内地尤其是在北方城市，不但罕见，而且不可思议。但这又恰恰是地地道道的‘广州特色’”。

到了20世纪30年代，粤菜馆已经风行上海滩了，宵夜馆作为粤菜业的起家本领和特色营业，仍牢牢占据着一席之地，只不过演变为别派了。如1934年沈伯经、陈怀圃编写的《上海市指南》说：“宵夜馆亦为粤菜馆之别派，惟规模较小，而重在夜市。”并列举了好多家著名的宵夜馆，可以想见其在市民饮食消费中的不可或缺：“燕华楼、杏华楼、醉华楼、长春楼、春宴华、广雅楼等。”

其实，粤菜馆的宵夜特色，是有渊源的。要知道，岭南炎热卑湿，一早一夜，更宜活动。比如，今日广州还有夜市与天光墟。尤其是夜市，不仅早已有之，而且丰富得很。

2. 从小餐馆到大饭店

宵夜馆的成功，带动了粤菜馆的蓬勃发展，当然起初多为小餐馆。1930年上海信托公司采编的《上海风土杂记》就说，全上海的小餐馆“三分之一为粤人所办，装潢美丽，设备典雅”。其味道也一定像广州的大排档一样好得不得了，因为《上海风土杂记》还说：“粤菜以味胜，烹调得法，陈设雅洁，故得人心。现在上海的粤菜馆很多，盛行一时。日本人、西洋人亦颇嗜粤菜。前数年日本派出名厨师若干人至中国研究烹煮法，评定粤菜为世界第一名馔。”

其实，这些小餐馆，有的正是从宵夜馆发展而来，新开的也传承着宵夜馆的功能，不过更加注意品质了。比如像大中楼这样的宵夜馆，就打出了名厨主理的广告：“浙江路偷鸡桥畔之大中楼系粤菜宵夜馆，本月梢将由粤东聘到名厨。”这种品质的改进，也暗含着做大做强的欲望。如武昌路西湖楼的广告说：“该馆食品，素为粤帮公认，允推沪上独步之粤菜馆。今闻扩充营业，特由粤添聘广州四大酒家名厨十余人，分制擅长美味，尤以佛山柱侯卤味如肥鸡肥鸽等类，为沪上不易尝得之特别风味，且价平物美云。”一些生意好的小餐馆也开始号称巨擘：

“北四川路奥迪安影戏院对面之醉天酒家，在沪上虹口粤菜馆中，首推巨擘，盖以其注重清洁，殊不多见，内容专售粤菜，兼卖茶点，去年开幕，生意鼎盛。”

当然，饮食之道，调和鼎鼐，以适众口。上海滩的粤菜馆要发展，一定要突破小餐馆的本色，而走向大酒楼的兼容，最终形成以新雅饭店为代表的所谓的海派粤菜，从而确立自己不二的历史地位。事实正是如此，时人对此也有贴近的观察。如《新都周刊》1943年第4期穹楼的《论中国菜馆》就说，“广东人有一个特点，就是能够吸收外来的文化，而放弃其成见”，因此“广东菜能够普及，而吸引大量食客。我想，这或许是粤菜风行一时的一个理由”。这种兼收并蓄，尤其得到旅沪外国人的认同，像新雅的粤菜，几被他们视为国菜：“现时以粤菜做法最考究，调味也最复杂，而且因为得欧风东渐之先，菜的做法也掺和了西菜的特长，所以能迎合一般人的口味。上海的外侨最晓得‘新雅’，他们认为‘新雅’的粤菜是国菜，而不知道本帮菜才是道地的上海馆。”（舒湮《吃的废话》，《论语》1947年第132期）

新派粤菜的发展，不仅体现在菜式上，还体现在粤菜馆的新型化、企业化方面。据戈正璧先生的《大饭店》（《大众》1943年第4期）介

豉油鸡

绍，餐饮业向来被视为贩夫走卒的行业，而通过粤人的努力，使人认识到，必须要有“进步的思想”，即“要不要把它的地位提高，该不该把它当作一种“事业”。在粤人眼里，“酒菜馆是一种事业，是高尚的事业”。因此，“旧式‘饭店弄堂’‘老广东’之类，虽还有一部分人欢迎”，也还是应该与时俱进。所言甚是。具体而言，这种新的事业，新型的酒菜馆，“当以北四川路的‘新亚大酒店’为创始，西洋大饭店的特色，尽量利用到中国酒菜馆里来”。在这种号召之下，“‘新雅’‘新华’‘京华’‘红棉’一窝蜂地开设出来，此后又有‘南宁’‘荣华’‘美华’‘金门’等新式粤菜馆继续开张，真是洋洋大观，懿欤盛哉！”而后来居上的，就是“新雅”和“新都”了——新雅的出品赢得的“国菜”的殊荣，新都则成为“科学管理”的典范。总而言之，“新型粤式酒菜馆发展到企业化，这是都会的需要，也是时代的进步”。

上海新雅粤菜馆

3. 占领南京路，成就上海范儿

粤菜而海派，海派也就离不开了粤菜。《上海风土杂记》在为游客提供饮食指南，就唯粤餐馆是推："寄住在南京路一带的旅馆，如不欲在旅馆用饭，可至大三元酒楼、新雅酒家、冠生园酒楼饮茶或用饭，亦粤人所办，广州话通行。午晚餐亦可在先施、永安、新新等公司酒菜部用饭。"而最具标志意义的是，各大粤菜馆，纷纷抢进南京路段。南京路是旧上海最繁华最资产的象征，号称"远东商业第一街"；那地方寸土尺金，能把店开到南京路上，没几把刷子是顶不住的。

最早在南京路上开餐馆的，当属先施和永安两家。旧上海的四大百货公司——先施、永安、新新与大新，均是由海外粤人开设。1917年，马应彪家族的上海先施公司开业，在附属东亚旅馆的屋顶开设先施乐园，供应粤餐及中西大菜，风靡一时。1918年，郭乐家族的永安公司开业，顶层的天韵楼学着先施的范儿，而风头有过之而无不及。待到1926年与先施渊源甚深的蔡昌家族的新新公司开张，虽然也在顶层附设饮食设施，不过风气已过，难以后来居上，遂干脆于1936年将餐饮部改为新都饭店；不过新都饭店倒也没有忘记顶楼传统，也在其七楼开设了"七重楼""喜相逢夜花园"。新都饭店倒因此后来居上，力压群雄；当年上海滩最有名气的大亨杜月笙为儿子摆的婚宴，即席设于此，风光可见一斑。而唯一难压风头的，则是望衡对宇的另一家更牛的新雅粤餐馆。尤其是抗战胜利后，新雅几乎三分之二的客人都是欧美人，李宗仁做代总统时莅沪宴请各国各界贤达，假座的就是新雅，较之杜月笙的排场，岂可同日而语。

除了四大公司和新雅外，大东酒楼也是食客如云的粤餐馆。据曹聚仁先生回忆，当年他常去大东酒楼，认为点心与菜式"和新雅差不多。我记得上大东酒楼有如上香港龙凤茶楼，热闹得使人头痛"。而从民国过来的唐鲁孙先生，认为南京东路上的大三元，资格更老。大三元资格当然老，按曹聚仁先生的记述，它在四马路时代，就已经

唐鲁孙

“雄踞一方”，名头响亮，连曹氏这样的名记都觉得“如雷贯耳”。随着冠生园1923年在南京路开设分店，继而于1926年将总店迁至南京路，南京路上“食在广州”的风景才算完璧。而短短一条南京路，有了这几家广式酒楼食肆，已是独步天下，笑傲同侪了——民国味道，舍我其谁!

（四）“广州酒家”遍天下与领衔各地的冠生园

屈大均《广东新语》说：“广州望县，人多务贾，与时逐，以香、糖、果、箱、铁器、藤、蜡、番椒、苏木、蒲葵诸货，北走豫章、吴浙，西北走长沙、汉口。”史学大家何炳棣的名著《中国会馆史论》以及刘正纲教授的《广东会馆史稿》，均从会馆建立这一角度雄辩地印证了这一条。但是，粤商逐鹿各地，粤菜馆却未与时俱立，而是等到五口通商特别是北伐战争以及抗战军兴之后，粤商以及粤民日众，同时岭南文化影响也日彰，粤菜的受接受程度日高，才纷纷建立起来。限于篇幅，这里无法一一考述全国各地粤菜馆的具体情形，仅就具有地域表征的“广州酒家”以及最能代表粤菜黄金时代的冠生园餐厅在全国的流布情形，略作介绍，以见一斑。

1. "广州酒家"遍天下

自从控股陶陶居以后，如今广州酒家差不多是广州唯一的饮食业老字号了，他们最有影响力的广告词"食在广州第一家，广州酒家"现在也更符合他们的身份了。由这家1935年诞生的老字号以及它名副其实的广告词，我们想到"食在广州"黄金时代全国各地的广州酒家，发现其中一个颇有意思的现象，那就是一般的粤菜馆，还是不太敢冠以"广州"大名的，而凡冠以此名者，大抵皆实力不俗。而通过这样一个梳理考察，也正可从一个特别的视角，窥见当年"食在广州"的风采。

首先我们来到国民政府的首都南京。民国以前，跨区域饮食市场非常薄弱，南京虽然是长江下游重要的沿江商业城市，但直到国民党政权定都之前，据当时的媒体报道，且不说外帮菜，整个饮食业都乏善可陈。如1928年9月3日《大公报》文章《首都生活各面观》说："南京向不以菜馆著名，城内惟夫子庙一带，尚有菜馆数家，临河卖菜，但规模俱小，菜亦不佳。"而因定都带来新气象的，却是外江菜，而以粤菜为其首："最近因国都奠定，始有二三新菜馆发生，其最著者，为粤菜之安乐酒店、川菜之蜀峡饭庄，菜价皆极贵，安乐尤贵，每席至少二十元以上，但座客常满，业此者大获厚利。"很官方的《市政评论》1936年第2期《南京的吃》也说是粤菜领衔："自从民国十六年奠都南京起，南京城里的吃食馆，如雨后春笋，大大的增多了，最初盛行粤菜，由粤南公司而安乐酒店的前期粤菜，而世界饭店的开幕时期，而广州酒家、广东酒家之类的。"

风气之下，后出转精，像"松涛巷广州酒家，菜极洁净，主人李荣基亲自下厨，凡京人士之好啖者，群趋顾之"。趋之者谁？议会议长、考试院长是也："议长罗钧任夙好绍酒，每席可尽三四斤，近因体弱稍逊，但甚喜吃小馆儿，时时独往小酌。考试院秘长许公武（崇灏）亦酷嗜该馆，谓为粤菜正味，罗、许及邓家彦君在座间均有题跋。"更重要的是，占籍番禺的末代探花商衍鎏，彼时供职财政部，"亦常往小啜，

广州酒家

亦题一联于壁：‘山头望湖光潋眼，鞓红照座香生肤。’”（杯棬《广州酒家壁上观》，《晶报》1934年9月4日）最为饮食轶闻佳话。

这么好的酒家，自然食客云集，且不乏名流，比如好酒使气的国学大师黄侃先生早早就来痛饮过，并见载于日记：“（1930年9月7日）夕奎垣来，共赴琼园看菊，遂至广州酒家剧饮。”（1930年9月25日）夜韵和邀与子侄及孟伦食于松涛巷广州酒家，甚醉饫。”“（1931年10月8日）暮与子侄饮于广州酒家，继看影戏，子夜返。”“1932年9月25日）晚挈三子食于广州酒家。”盛名之下，连以报道新生活运动为主的《新生活周刊》1935年第63期《旅京必读：首都的“吃”》也盛称广州酒家为粤菜馆第一：“川菜，以皇后、撷英等稍佳，浙绍馆则老万全、六华春最著，粤菜馆则以广州酒家为佳。至规模较大者，如中央饭店、安乐酒店、世界饭店，则各式均备，唯中央以川菜较佳，安乐以粤菜为著。”

名流们的持续光顾，更进一步佐证着其地位。主管党务人事的行政院参事陈克文，不仅友朋约聚席设广州酒家，也曾订广州酒家之酒席举行家宴，且每席贵达二十五元。（《陈克文日记》1937年2月27日、

4月10日）顾颉刚在南京时，也曾履席于此："（1937年1月28日）到广州酒家赴宴……今晚同席：王恭睦、谢君、黄建中、陆幼刚，尚有数人、予（以上客），辛树帜、宋香舟（主）。"（《顾颉刚日记》）连不喜应酬的竺可桢先生，在日记中甚少提及上酒菜馆的事，却少见地提到了广州酒家，而且连出席人员都记之甚详："1937年4月10日：六点至广州酒家，应雷儆寰之约，到杜光埙、李书城、赵大侔、杨振声、巽甫、皮皓白等。"（《竺可桢全集》第六卷《日记》）这样，广州酒家就与安乐酒店一道，成为当年首都粤菜馆的翘楚和旅游指南类图书的必录："广东菜也已成为南京一般人所嗜好，著名的粤菜馆有安乐酒店和广州酒家等家，都是极出名的。"（倪锡英《南京》，中华书局1936年版）

南京是首都，武汉也曾是北伐后国民政府的首迁之地，后来国民政府西迁，也曾"驻跸"武汉；北伐起自广州，武汉岂能没有广州酒家？大新印刷公司1925年版的《汉口商业一览》"中菜馆"条"广东帮"目下，单单武汉三镇之汉口一镇的粤菜馆即多达15家，这种盛况，上海之外，比之后来的首都南京也不遑多让，广州酒家赫然在列。到1933年汉口新中华日报社版的周荣亚编《武汉指南》，由于没有注明帮口，可以确认的粤菜馆大约有以下数家，广州酒家自然仍少不了，其中《著名之菜点》还介绍了了广州酒家的名菜：

> 杏花楼之红烧鱼翅、溜鱼片、炸虾球及和菜，宴月楼之清炖时鱼、爆肚、红糖醋萝卜，翼江楼之点心，万花楼、大吉春之白鸡、卤鸭，广州酒家之烧烤、烤鸭、伊府面，味雅之生切鱼片、生切海参片、鱿鱼块，中西饭馆之鱼生粥……

榜单不会缺席的广州酒家，名流也同样不会缺席，主管党务人事的行政院参事陈克文可以领衔，且俱载于日记："1938年2月2日，武汉：露莎来电话，约到广州酒家晚饭，同席为朱纶、黄山农、叶蝉贞。"合肥张家长公子张宗和的日记则适成风雅："1938年5月3日：

广州大酒家

中上下班回家，季先生有条子请我，广州酒家……季先生是海门人，在政治部工作。”史学大家顾颉刚先生也曾履席于此地：“1937年9月20日，汉口：在广州酒家吃饭。饭后偕同承彬访雪舟，遇之。”一些学校聚餐也选择广州酒家，可见其颇受大众欢迎：“武汉文华图书馆专科学校同门会，于五月三十一日，在汉口江汉路广州酒家开本学期第一次学会……”

首都南京及武汉有，陪都重庆当然也有。官方的社会部重庆会服务处1941年印行的《重庆旅居向导》，在介绍重庆著名外地中餐馆时，大大突出了粤菜馆，一下子介绍了九家之多，其中就包括了广州酒家：粤味有林森路大东、林森路大三元、民族路国民酒家、民族路清一色、民族路四美春、民权路广东酒家、民权路冠生园、民生路广州酒家、民生路陶陶酒家。而依笔者寓目的文献材料，当时重庆知名的粤菜馆，总共达24家，这明显超过了除川菜之外的所有下江菜系；“食在广州”向外发展，不论治乱，均粲然可观，委实值得我们珍视和骄傲。

民国后期开业的位于厦门思明南路（蕹菜河）和鼓浪屿龙头路的广州酒家，则以选料精细、技艺精良、风味清淡鲜美的“香汁炒蟹”“炒桂花翅”“油泡虾仁”“白鸽肉绒”“蒜子田鸡”等海鲜菜肴和粤式小炒著称，点心、小吃以及各种原盅炖品尤受欢迎，还曾留下一段影坛佳话。1948年冬，当时著名电影明星白虹、欧阳飞莺、殷秀岑、关宏达等赴菲律宾访问途径厦门期间，在鼓浪屿"广州酒家"品尝了"清蒸鲈鱼""白鸽肉绒""罗汉斋""酥炸虾盒"等名肴佳点之后，大为赞叹，殷秀岑还亲自签名留念。这家广州酒家，此刻也才开业不过半年，簇新着呢："厦门广州酒家新址开幕：茶面酒家，扁食大包，家常便饭，原盅炖品，厦门思明南路四五二号；大小筵席，结婚礼堂，随意小酌，无任欢迎，鼓浪屿龙头路二五五号。"（《南侨日报》1948年3月31日）

在作为抗战文化重镇的桂林，因为地近广东，自然有不少粤菜馆，而抗战之后的最早见于记录的粤菜馆，是属著名艺术考古学家、东方艺术史研究专家、诗人、中国艺术史学会创办人之一常任侠先生所记录的广州酒家："1938年12月15日（桂林）：至广州酒家晚餐。"（《战云纪事》，海天出版社1999年版）著名文史学者、杂文家、民主人士、时任桂林著名文化机构文化供应社负责人宋云彬先生更是常去，且发现常常是"顾客拥挤，待十余分钟方入座"。（宋云彬《桂林日记》）可见其生意之好！

与广东口味相差甚大的西安，竟然也有粤菜馆，也有广州酒家。中华书局1940版《新西安》说，西安的外地菜馆多集中在东大街："北方口味者有北平饭店、玉顺楼、山东馆之义仙亭，豫菜则有第一楼，均在东大街。代表南方口味者，计有马坊门之浙江大酒楼、中央菜社、南院四五六菜社、竹笆市之长安酒家、东大街之新上海菜馆（均为江浙菜）。粤菜则有广州酒家，与湘菜之曲园均在东大街。"《西北文化日报》1938年8月30日广州酒家的广告则介绍得相对详细："应时粤菜茶点，著名烧猪腊味，备有经济和菜，华贵筵席。地址：东大街四八〇号。"

然而，在外埠最发达的上海，却没有一家"广州酒家"，细思其故，或许因为群雄并起，谁也不敢贸然使用"食在广州"的"广州"这个大号。那今日广州最负盛名的广州酒家挺进上海，且瞄准高端市场，是否可以代表粤菜在上海的伟大复兴呢？真值得拭目以待。

2. 冠生园领衔粤菜新时代

“广州酒家”遍天下，但更能体现粤菜在各地的领衔实力、体现粤菜黄金的时代的，则非冠生园粤菜馆莫属；在全国各地，如抗战军兴后的武汉、重庆、昆明、贵阳等地，冠生园煊赫一时，连蒋介石都时时光顾，它不仅是当地粤菜馆的标杆，更是当地菜馆业的标杆；冠生园1943年在上海研发的国产品牌“ABC米老鼠”奶糖，在改包装成“大白兔奶糖”后，成为馈赠美国总统尼克松和苏联领导人的国礼。现在上海、南京、武汉和重庆，都有叫冠生园的老字号食品企业，其中上海和南京的冠生园还获得了商务部颁发的“中华老字号”证书。

（1）发迹上海而显贵武汉

上海是冠生园的“龙兴”之地，由佛山人冼冠生创办于1918年，仅两年之后，到1920年，冠生园已经走出上海，到另一重要口岸汉口开设分号了：

本园始创发明结汁牛肉、果汁牛肉、南华李、桂花梅脯、陈皮

冼冠生

> 梅、出核陈皮梅、梅精、陈皮化核榄，价廉物美，驰名海内。各种牛肉，充饥下酒，绝妙无上；各种果子，适口芬芳，兼能生津止渴。旅行居家，便于携带，送礼款客，最为便宜。特设支店汉口后城马路邻近，诸君就地赐顾是幸。（《上海香港冠生园特设汉口支店》，《申报》1920年11月23日）

首选武汉则如唐鲁孙先生《武汉三镇的吃食》所说："地处九省通衢，长江天堑，水运总汇。开埠既早，商贾云集，西南各省物资，又在武汉集散，所以各省的盛食珍味，靡不悉备，可以比美上海。"同时又粤菜馆稀少，冠生园可谓首创："民国二十年左右，武汉几乎没有广东饭馆，后来汉口开了一家冠生园，跟着武昌也开了一家冠生园分店。"1933年汉口新中华日报社版《武汉指南》具体介绍了14家粤菜馆的名址详情，以冠生园居首，则显示其引领地位了。冠生园在汉口开设分店大获成功，先后在市内扩设了三个支店、一个工厂和一个发行所，在武昌也设有两个支店和一个工厂，并在江西庐山特设暑季营业的支店。之后，冠生园陆续开设了南京分店，下设三个支店、一个工厂、一个发行所；杭州分店，下设个支店和一艘西湖画舫；天津分店，下设三个支店、一个工厂；还有一些代销店分布在北京等地。

随着1937年抗日战争全面爆发，"八一三"日寇进攻上海，当时长江的轮船被调为军用，冼冠生在此紧急关头决定利用木帆船将机器设备及180多吨原料，由上海沿长江迁往内地，又是首重武汉，在武昌胡林翼路开设制罐厂，出产各种罐头食品。武汉冠生园进入鼎盛时期，冠生园也成为了武汉最顶级的粤菜馆，也可以说是最顶级的中餐馆。当时的人就说，武汉正式宴会、高级请客，多往广东馆子跑，"而规模最大的粤菜馆，连冠生园饮食部共有两家，又似乎在一般人的印象里，冠生园居最高等"。冠生园的最高等体现在什么地方呢？比如九一八事变后国际调查团莅汉，"吃是最大问题，中菜呀？西菜呀？讨论了许多，后来果然决定请冠生园办理了，虽然他们不能容纳这许多人，宁可席设对面

冠生园

西菜馆里，酒菜则由冠生园承办。平时无论主席请客啦，委员设宴啦，市长请酒啦，冠生园好像是指定的食堂。就是银行家、教育界等等，也必须在冠生园宴客，不然的话，似乎不足以示恭敬”。（湖北佬《江汉路上的冠生园》，《食品界》1934年第9期）见诸记载的曾履迹武汉冠生园的政要名流，也确实多了去了。比如著名地质学家，官至国民党行政院长的翁文灏，1937年12月5日曾应李正卿之邀前往冠生园晚餐。翁氏此时当为国民政府经济部长。（《翁文灏日记》，中华书局2014年版）

（2）据守重庆

1938年武汉会战前后，国民政府进一步西迁重庆，冠生园也与之相俱。从当时的旅行指南书，也可以看得出这一发展变迁之迹。1933年版《重庆旅行指南》，餐馆介绍甚为简略，特别是外地餐馆，只介绍了寥寥几家，广东馆只介绍了位于小梁子的醉霞酒家。而1944年版《重庆旅行指南》，虽然餐馆介绍同样简略，但粤菜馆却多了好几家：“粤菜有冠生园、广东大酒家（皆民权路）、南京酒家（复兴路口）。”其他菜系除川菜外则只介绍了民族路的京沪菜震记与五芳斋。由此可见粤菜及冠生园在重庆的相对突出地位。杨世才所编两个版本的《重庆指南》，对粤菜馆的介绍大体相同，但有所侧重，但都是由冠生园领衔：1939年为都邮街的冠生园，1942年为民权路的冠生园。陆思红的《新重庆》在突出“重庆菜馆之多，几于五步一阁”，且“午晚餐时，试入其间，无一家不座无隙地”的同时，也突出粤菜馆的地位：“所谓下江馆，当包括各地而言，如冠生园、大三元等，皆以粤菜著名。”官方的社会部重庆会服务处1941年印行的《重庆旅居向导》，在介绍重庆著名外地中餐馆时，更是大大突出了粤菜馆，一下子介绍了九家之多，冠生园当然不可或缺。

总之，无论如何介绍，当时重庆最大最有名的粤菜馆，均非冠生园莫属：“在每个星期日的早晨，重庆冠生园的热闹情形，恐怕是孤岛人士想像不到的。桌子边，没有一只空闲的椅子。许多人站立在庭柱旁边，等候他屁股放到椅子上去的机会。有人付账去了，离开椅子，不过十分之一秒钟，就被捷足先登，古人说席不暇暖，这里的却有‘席不暇凉’之概”。并因着“座客完全是上流人”而想象全国的冠生园莫不如是：“从清早七时到十时，全国展开着这样一幅图画。”（画师《重庆冠生园的素描》，《艺海周刊》1940年第20期）如此名店，著名的顾颉刚先生自然也多去，详见其日记。两广籍的陈克文又岂会少去？陈克文关于他在重庆上冠生园的最后一条记录，弥足珍贵：“1939年7月27号：中午应刘昌言、郭松年约，和铸秋同到城内冠生园午饭。五月三日突袭以后，到城里吃馆子这还是第一次。城内的馆子，现在只有两家，每日十一时以后，便关门不做生意，情况殊为凄寂。城内经过五月六月的突袭和最近两次的夜袭，差不多没有一间完好的房子了。”也即是说，在敌机狂轰滥炸得几无一间好房，别的餐馆都不敢或不愿营业的情况下，冠生园成为硕果仅存的两家开门营业的店家之一，而且可以肯定地说是大餐馆里唯一的一家。如此敬业精神，焉能不成为重庆粤菜馆乃至重庆餐馆业的标杆？！

叶圣陶先生则将冠生园作为其宴饮生活的重要参照：1942年5月5日夜，“祥麟以开明（书店）名义宴客，至冠生园。久不吃广东菜，吃之颇有好感。一席价三百元，以今时言之，不算贵。”1938年1月11日的一封信中说：“李诵邺兄之酒栈已去过，二层楼，且买热酒。设坐席八，如冠生园模样，颇整洁。”也以冠生园为参照来介绍朋友的酒栈。1938年10月8日在致友朋信中，说到重庆有名餐馆生生花园，则拿上海冠生园来作参照：“规制如上海冠生园农场，本月二日曾与颉刚、元善、勖成前往聚餐，为卅二年前小学四友之会。”（叶圣陶《我与四川》）由此可见冠生园酒楼在他心目的地位。

刘节先生自奉甚俭，治学甚严，上酒楼甚少，在重庆期间上粤菜馆的记录自然也不多，但上冠生园的相对次数可真不少，约有10来次，似乎是后来终老粤地的预示似的。（《刘节日记》，大象出版社2009年版）清华大学校长、西南联大校务委员会主席梅贻琦先生因为工作关系，时至重庆，偶上粤菜馆，两记冠生园，两记广东酒家，但与席者那可都是大名流，如1941年5月26日：“晚七点林伯遵之约在冠生园，有翁（文灏）部长、吴华甫、包华国、王浦诸君”。（《梅贻琦西南联大日记）常任侠途经重庆，也曾两上冠生园：“1941年3月6日：晨入城，与周（轼贤）君至冠生园进餐。”“1944年7月6日：晨应陶行知邀赴冠生园早点。”（《战云纪事》）

梅贻琦

直到抗战胜利后，媒体还在念念重庆冠生园，并言及蒋介石曾经光临："冠生园在漕河泾设有农场，将招待新闻界同人前去参观，按冠生园可算是中国第一家粤菜馆。抗战之后，分馆也内迁，在重庆设有农场，当时颇有韵事，因重庆仕女颇喜到这上海化的乡下一游也。有天蒋主席也游到该处，觉得口渴，看见有冠生园农场一所设的茶室，便进去要了一杯咖啡，仆欧看见蒋主席来，都特别起劲，当时物价已涨，普通咖啡约需一二百元一杯，蒋主席不愿吃白食，定要他们开账，结果账开了来，蒋主席认为甚是满意。"（《蒋主席光顾冠生园：冼冠生的月饼理论》，《东南风》1946年第20期）当此蒋介石因抗战胜利而声望最隆之际，媒体大约不致造谣吧？由此也可见冠生园真是"威水"之至。

成都、重庆现在分属两省市，从前则同属四川，联翩并辔；考查当年粤菜及冠生园川中盛况，不可不及于成都。诚如当时的指南书《新成都》所言："四川饮食，虽不及广东富丽堂皇，但小吃一事，广东则不能比美于前，四川饮食，只限成都，他如渝、万等处，远不及蓉垣多矣。"但广东大菜，却终胜一筹。故该书即录有福兴街广东经济口味豆花饭店和正科甲巷冠生园两家粤菜馆。（周芷颖《新成都》，复兴书局1943年版）另一本指南书也提到正科甲巷冠生园，称之"为本市最大之粤菜馆，设备周全，清洁卫生"。（山川出版社编《成都指南》，山川出版社1943年版）

（3）挺进昆明

抗战军兴，后方方兴；重庆成了首都，昆明则成了至关重要的后方：一方面以西南联大的西迁为标志，一举成为中国最重要的文化重镇之一，另一方面稍后也成为盟军抗日的后方兼前方重镇。兼此二任，各路人马汇集，昆明一时呈现百物繁兴的局面——酒菜馆从来就是繁兴的标志，粤菜馆当然也不可或缺。一方面广东与云南同处大西南，如新儒学大师张君劢《历史上中华民族中坚分子之推移与西南之责任》即作如是观；另一方面地理相近，往来者众，广东人又好吃，且有钱，如时人有观察曰：“（联大）同时也有奇装艳服的少爷小姐们，在挥霍着——尤其是广东口音的人。”（慕文俊《联大在今日》，《学生之友》1940年第4期）这些粤菜馆中，最有代表性的则非冠生园莫属。

昆明冠生园生意兴隆，客似云来，但值得记述的，当然是各界名流，尤其是名师大师们的诗酒风流。从史料看，首先光顾的是史学大家顾颉刚先生，时在1939年8月31日：“与自珍、昌华、湘波同到冠生园进点……今晨同席：许昌华、戴湘波（以上客），予与自珍（主）。”按：据前述冠生园当事人回忆，冠生园此时尚未开业呢！显然回忆不可靠，当以顾氏日记为准。如此，则顾氏可谓是名副其实的在冠生园尝“头啖汤”者了。可惜他不久即移席成都和重庆，去上那边的冠生园了。

其次记述到与席冠生园的大名人是朱自清先生，时在1939年10月24日，也属开业后不久吧：“在冠生园参加莼村女儿的婚礼。新郎是个军官。菜肴不错。”开了个好头，尝了个好新，后来陆续又光临了五六次，但止于1942年。（《朱自清日记》，石油工业出版社2019年版）后面还有好几年，怎么不记了呢？这几年内一次都不去是不可能的，但

朱自清

西南联大的教授们以及掌校政者，也多只记到1942、1943年，其故安在？即使自己不主动，被动应酬总是难免的吧？像西南联大总务长郑天挺教授，应酬应该不少，也就只记了开业那阵的两三次，但去的都是联大的上层人物或者著名教授：

> 1939年10月8日：六时半至冠生园，孟邻师约便饭。
>
> 1939年10月11日：六时至冠生园与莘田、雪屏公宴文藻、冰心夫妇及今甫。
>
> 1939年11月26日：以二十四日与孟邻师约请诸公子食点心，特早起，七时半行至才盛巷候诸人。八时半步至金碧路冠生园进广东点心，粤人所谓饮茶是也。（《郑天挺西南联大日记》，中华书局2018年版）

最后一记点题点得好："进广东点心，粤人所谓饮茶是也。"如果不点明，很多外地人是不太看得明白的；像顾颉刚，写了多次上粤菜馆"进点"，就是不说"饮茶"。须知粤人的"饮茶"，大异于内地，是点心为主，茶为辅，而点心又是好吃到不仅能吃饱，而且能吃撑，绝非仅仅"点点心"，过过瘾，不是吃撑了就腻了，而是吃了还想下次再去吃，不仅早上吃，而且是全天候，店铺经常营业到凌晨两点。西南联大三巨头之一也是清华校长的梅贻琦先生应酬多些，记得也多些，记了十来次，不过也只记到1943年。（《梅贻琦西南联大日记》，中华书局2018年版）

当然，去冠生园最多，也最具诗酒风流特征的，恐怕非吴宓先生莫属——他既是单身，经常在外觅食；又要恋爱，经常请客吃饭；作为名教授，被请机会也多。他第一次上冠生园，即不同凡响："1939年11月17日：至冠生园，赴A. L. Plad-Urquhart请宴，介识其姊新任英国驻昆明总领事H. I. Prideaux-Brune君。肴馔甚丰，酒亦佳。而宓深感宓近者与公宴，论年则几为最老，叙座则降居最末。（今晚即然，其上皆校长、馆长、教务长、院长，宓仅教授而已。）"虽然此宴引发了吴宓

张宗和夫妇

的自卑感——“愈可见宓在此世间失败而不容恋恋矣！”但菜馆的档次与饮宴的规格均得以充分体现。

吴宓先生之外，张宗和先生在日记中也留下好几次上昆明冠生园的记录。张宗和虽出身世家，但毕竟流落西南，谋的又是普通教职，生活本是十分拮据的，不过从这几次记录中，我们一方面看到他世家公子的大方本色。比如“1942年11月24日五点赶到冠生园吃了二百六十元，并不满意”，须知此前三个月，吴宓在此设宴过个生日，也才花了140元。另一方面，也可窥见冠生园在艰难时世中放下身段丰俭由人以求生存的策略来，即他们一家三口上冠生园，一盆炒面加几样点心，都可以吃得很饱。

（4）贵阳及其他

广东与贵州，珠江一水情牵。2006年，广东人林树森主政贵州，力推贵广铁路建设，拉近黔粤“距离”。特别2014年正式通车后，把贵州特别是贵阳打造成广东后花园的口号更是喊得震天响；近些年来，前往贵州旅游、商贸甚至居留的广东人也确实越来越多。殊不知，广东人早就是贵州特别是贵阳的主客；清代以来，贵阳最著名的商贸街广东街，顾名思义，就是因为广东商人前往经营百货玉器和海产南货而形成的："随着市场的扩大和繁荣，江西帮、湖南帮、四川帮、云南帮商人也先后办货来筑，大部分在广东街安家落户。"（朱林祥、朱志国《解放前广东街的商业活动》，载《贵阳商业的变迁》，贵州人民出版社2012年版）

然而，广东人前往贵州的高潮，恐怕更在抗战时期，迄今难以逾越，因为贵州是当时的大后方，许多公私机构特别是军事机关与军事工厂都设在贵阳，特别是1938年广州沦陷后，工业相对发达的广东，很多人员、机构也内撤到了贵阳；1945年12月18日《申报》一则报道便说，单单"在贵阳服务美军机关的粤籍人员和技工约有万人，连家属约五万人"，因"美军机关裁撤后，他们都要回家"，这么庞大的人口回流，如何安置便成为一个社会问题，所以引起关注。那全部在贵阳的广东人，加起来没有十万也有八万吧。如果说早期"广东街"形成时代，跨区域饮食市场未兴，粤菜馆出现的可能性不大，乡味充其量由广东会馆提供，那此际如此庞大的人流物流，必然带来粤菜馆的大兴。如此一来，短短数年之间，贵阳即涌现出班班可考的粤菜馆十六家，有的还是贵阳首屈一指的大饭店（参见拙文《一水情牵：民国贵阳的粤菜馆》，《书屋》2022年第2期），比较起天津百余年间才考证出有名目的粤菜馆十七家（详见拙文《粤海通津：民国天津的粤菜馆》，《羊城晚报》2021年1月13日），也可谓"食在广州"向外传播的一道盛景了。但是，真正做成大型粤菜馆的，是1941年5月25日在市中心区大十字三山路投资20万元开设的冠生园。1943年冼冠生还专门驻足贵阳经年，精心筹划事业发展之外，更严格制定落实规章制度。（白天白《解放前贵阳的两广餐馆》，《云岩文史资料选辑》第八辑）

名人笔下的冠生园，较早见于叶圣陶的笔端。1942年他从成都去了一趟桂林，途经贵阳，5月18日晨间，"宋玉书来，邀余与彬然同出，进茶点于冠生园"。无论在杭州、上海、武汉、重庆、昆明，张宗和都会上粤菜馆，更会上冠生园，在他的日记中留下了战后屡上贵阳冠生园的记录；虽然评价不算高——战后冼冠生的生产经营重心回归上海，贵阳显得有些鞭长莫及，原也正常，但已经算好了，不然张宗和也不会屡往就食。

此外，在天津和庐山，也都各有一家冠生园，孙立民、俞志厚《天津法租界概况》（《天津文史资料选辑》第22辑）说："南味店有森记、明记、林记三个稻香村及冠生园、晋阳春、广隆泰等。"

附录　载将荔酒过江南

在中国长期的封建社会里，因为粮食问题、税收问题和用今天的话来说的纪律作风问题等原因，许多时候是有酒禁的，而岭南却基本上史无酒禁。这在理论上为岭南酿酒技术和工艺的发展以及酒文化的积淀，提供了得天独厚的条件。酿酒首先需要好的粮食和水。岭南气候炎热多雨，许多地方一年三熟，粮食充裕自不待说；岭南地形地貌奇特，遍地都是"灵泉甘液"（范端昂语），屈大均《广东新语》里也多有列举。有余粮，有好水，还要有好的酒曲。岭南植物资源异常丰富，制曲药草，俯拾即是，其中贵重如文草者，如东汉杨孚《南裔异物志》所言："文草作酒，宛成其味。以金买草，不言贵也。"而在岭南良好的粮、水和气候条件下，先民们甚至不用加工制曲，"但杵米粉，杂以三五草药"（屈大均语）即可。因此之故，岭南岂能不出好酒，多出好酒，早出好酒！作为岭南佳酿代表的罗浮九酝，在李肇的《唐国史补》里，是力压剑南春的，而且早在晋代名臣张华的《轻薄篇》中，即已是举世罕匹的名酒——剑南春如今极负盛名，且以创制于唐代相号召，奈何罗浮春却籍籍无名，岂非咄咄怪事？此外，岭南四季繁花，到处林果，聪明的先民们俯仰取之，如屈大均所言："无不可以为酒者。龙眼之篘，橘之冻，蒲桃之冬白，仙茅之春红，桂之月月黄，荔枝之烧春，皆酒中之贤圣也。"此外，西汉时的百花酒，晋朝嵇含记载曾令西汉大夫陆贾以及东方朔心醉神迷的梅花酎，历史更加悠久，更富传奇色

荔枝酒

彩。这些花、果之酒，天之所赋，自是他处所难以比拟的。

晚近以来，因为荔枝以岭南为最著，荔枝酒更是以岭南为独步；特别是荔枝酒在向外传播及被宝贵的材料，几为岭南所独占。钧陈利用新发掘的相关史料考察荔枝酒生产及其北传的历史，尤其是从明代中后期起备受文坛追捧及在清初成为御酒的光辉历史，不仅对农史和荔枝史研究具有重要意义，也对饮食文化史特别是岭南酒文化史的研究具有重要意义。

一、烧酒（蒸馏酒）起源与荔枝酒生产小史

最早关于荔枝酒的材料，当属中唐大诗人白居易的《荔枝楼对酒》："荔枝新熟鸡冠色，烧酒初开琥珀香。欲摘一枝倾一盏，西楼无客共谁尝。"如明代著名学者张萱的《疑耀》说："余乡啖荔枝，多以烧酒泛之，即制荔枝酒者，亦以烧酒，盖自唐已然矣。白乐天有诗曰：'荔枝新熟鸡冠色，烧酒初开琥珀香。欲摘一枝倾一盏，西楼无客共谁尝此。'一证也。"但是严格来讲，此一则材料不能径为采信。这牵涉到对这首诗的正确理解问题：到底是把新摘的荔枝用烧酒浸泡了吃，还

是用荔枝下酒，还是如同张萱理解的用荔枝和烧酒共同制造荔枝酒？难以给出确切的答案。但至少给后来的荔枝酒酿造提供了想象空间，至少岭南荔枝酒的酿造，就如张萱的对白诗的理解之法。

再则，岭南荔枝在外运的过程中，也常常用烧酒来保鲜。比如康乾时期考授内阁中书的浙江人王霖《鸣山饷酒渍生荔枝》，极赞酒渍荔枝保鲜功能："轻红生擘未为珍，重碧偕来洵可人。猩壳尚疑丹凤卵，玉肌犹见藐姑神。胜逢瑶圃千年实，不累杨妃一骑尘。"认为当年杨贵妃如果采用这种技术，哪用累死驿马呢！再如乾隆时江苏人王苏的《恩赐荔支恭纪》说当年荔枝进贡，正以烧酒浸渍以为保鲜之法："炎州荔支何日贡，绛罗细裹轻绡缠。铃索声喧惊捧到，照眼光华隔帘颤。群分惨紫烂成堆，细擘轻冰裂为片。满碗琼浆未暇倾，填吭霞膏不容咽。海山仙人酒户大，仙翁特锡瑶池燕。酣饮经旬不愿醒，岭南春色常盈面。（鲜荔支以酒渍入贡）"一直到清末犹是如此："张文襄嗜鲜荔枝，督鄂时，曾令广东增城宰收买荔枝万颗，浸以高粱（酒），装入瓷坛，寄湖北。至芜湖，为税关截下，悉数充公。时榷吏为袁忠节公昶，忽得文襄急电，译之，约百余字，则荔枝一案也。袁知被巡丁分啖，乃至申采办以补之。"（徐珂《张文襄嗜荔枝》，载《清稗类钞》）

另一则唐代荔枝酿酒史料，虽与后世有异，但其归功于岭南，则是一致的："唐李文孺往昌乐泷，家奴藏荔子于盎中，文孺初不知也。盛夏溽暑，香出盎外，流浆泛滟，因以曲和秔饭投之，三日成酒，芳烈过于椒桂，人多效之。因作《荔酒歌》。"（同治《韶州府志》）秔饭指粳米做的饭；椒桂，指椒浆桂酒，代指美酒。这是传统的发酵曲酒酿造之法，而非后世如张萱所言的烧酒制造之法。这也反推白居易诗的"烧酒"，当属把酒烧热，因为作为蒸馏酒的烧酒，自域外引入，始自元代，而粤人得其先，如屈大均《广东新语》说："又一种大饼烧，以锡甑炊蒸糟粕，沥其汁液而成，性热尤甚，嗜之者伤脾焦肾，往往有酒痰坠脚之患，致丧其躯，是不可以不禁。黄泰泉尝以为言。按烧酒之法，自元始有，暹罗人以烧酒复烧入异香，至三二年，人饮数盏即醉，谓之阿剌吉酒。元盖得法于番夷云。”这种烧酒之法，在湘粤乡间至今犹存。屈大均还有“火酒”一条专说这种烧酒：

> 广人谓烧酒新出甑者，曰酒头，以水参之，曰和酒。和酒贫者之饮。市上所酤，以细饼为良，大饼次之，号曰细饼烧、大饼烧。其佳者曰龙江烧，陈至三四年者可口。然多饮，皆有酒痰坠脚之患。盖痰生于火，酒以火蒸，火之汗液所成，得火则焰起燃燎，其性最热，此元人之遗毒也。暹罗酒，以烧酒复两烧之，以檀香烧烟，熏之如漆，乃投檀香其中，蜡封埋土三年，绝去火气，乃出而饮。此烧酒之尤烈者，是曰火酒，饮一二杯，可愈积病杀虫。然广中烧酒，皆火酒也，亦曰气酒，其味过辛。其曲皆以良姜、山桔、辣蓼之属，和豆与米饭而成；新会、香山则用板杏，是曰草曲，皆有毒。番禺多糖烧、番薯烧，尤为酒之贱品。

既然广中“烧酒”皆是这种“火酒”，则荔枝酒也是这种火酒或用这种火酒制成，则无疑义了。故屈氏又说“荔支酒，则土人賫持酿具就树下，以荔支熇酒，一宿而成者”，即以岭南火酒与荔枝肉经过特殊的

荔枝

"煏"的工艺制成。而据明邓庆宷《闽中荔支通谱》所引《徐氏笔精》"荔支酒方"，已完全是粤中烧酒酿法："用荔支肉三斗，烧酒饼面一斤，拌匀，以大盆盛之。发过对时，又用大盆换盛。发过对时，依烧酒法蒸出。酒埋地中两日去火气，香美可爱。"

岭南四季花果繁茂，"无不可以为酒者"。特别是宋时，既无酒禁，又"人民饶裕"，于是"户户为酒，争以奇异相高"，因而名酒迭出，"名贤迁谪至此，多好嗜之"。至明清之季，随着烧酒（蒸馏酒）技艺的传入和改进，荔枝酒大兴，遂成酒中圣贤。至此，不独岭南，另一个荔枝大省福建，所造荔枝酒，一如广东："顺昌雪花火酒，以荔支投之，浃旬而出，浓艳幽沉，如西施醉倚玉床，太真温泉出浴。用泥头封固其酒，至隔岁开之，满屋作新荔支香矣。"（宋比玉《荔支谱》）

二、荔枝酒北传史简论

荔枝酒的北传史，较早可见于魏宪的《留别陈绿厓大参》："两载荒祠古木深，白门车马几同心。先生诗癖留青史，小子离忧托素琴。荔酒夜分常共醉，荷衣风细不教侵。忽然又买春江棹，桃李无言只梦寻。"按：魏宪，生卒年不详，字惟度，福建福清人。明嘉靖二十三年（1544）进士，曾任兵部郎和广西按察使等职，著有《枕江堂集》。稍后，汤显祖的传世名剧《牡丹亭·谒遇》，写柳梦梅到钦差大臣杜宝那里打到"秋风"获得盘缠之后辞别北上之时："[生]果尔，小生无父母妻子之累，就此拜辞。[净]左右，取书仪，看酒。[丑上]广南爱吃荔枝酒，直北偏飞榆荚钱。酒到，书仪在此。[净]路费先生收下。[生]谢了！[净送酒介]"当然，此时的荔枝酒北传还停留在文字上，不过按情理，既已成为钦差用酒，理应早已北上。稍后，探花出身、官至吏部左侍郎兼翰林侍读学士的南京人顾起元，在万历四十六年自刻的名著《客座赘语》中，将荔枝酒列为全国名酒，显见其早已盛行并盛称于江南了："余性不善饮，每举不能尽三小盏。乃见酒辄喜，闻佳酒辄大喜。计生平所尝，若大内之满殿香，大官之内法酒，京师之黄米酒，蓟州之薏苡酒，永平之桑落酒，易州之易酒，沧州之沧酒，大名之刁酒、焦酒，济南之秋露白酒，泰和之泰酒，麻姑之神功泉酒，兰溪之金盘露酒，绍兴之豆酒，粤西之桑寄生酒，粤东之荔枝酒，汾州之羊羔酒，淮安之豆酒、苦蒿酒，高邮之五加皮酒，扬州之雪酒、豨莶酒，无锡之华氏荡口酒、何氏松花酒，多色味冠绝者。”

再后来，宋比玉也说：“南海人以黑叶入酿，与粤西寄生酒并重于江南。”并引新安程孟阳《荔支酒歌》予以盛赞：“君不见杜陵诸侯老宾客，左擘轻红右拈碧。至今浣花诗句中，春酒荔支色相射。谁将巧意相和溲，便酿荔支作春酒。重碧轻红两有无，万里莹然落吾手。风流司马霜鬓须，玉盘珍羞十万铺。天输尤物慰好事，遥从庾岭飞百壶。饮中余考最下户，一勺分润诗肠枯。银罂乍发香气粗，玉杯映色清若无。北客浪传酒如乳，吴侬已堕涎成珠。主人贪奇乐更殊，金屏笑出如花姝。自将丰骨比妍丽，罗襦玉肤不用摹。韶颜若并化为酒，玉山共倒谁当扶？君不见坡仙流离南海啖百颗，一官为口夸良图。何如三绝眼前是，果为醽醁人醍醐。但恨古人不见尔，君我不乐何为乎？”按：程嘉燧《松圆浪淘集》亦存此诗，题为《般丈家戏为荔枝酒歌呈同席诸公》，且于“天输尤物慰好事，遥从庾岭飞百壶”一联后自注曰：“酒出广东徐闻县，太仓曹高州特致二尊。”则表明广东南部各地皆盛产荔枝酒，且品质上佳。

更能为荔枝酒在江南添誉生色的，是围绕既为晚明清初达官同时又是一代文坛宗主的钱谦益的诗酒盛事。钱谦益为明万历三十八年探花，官至礼部侍郎，东林党的领袖之一，后降清为礼部侍郎，清初文坛盟主。借此身份之尊，故尔门生故吏遍天下。从学的黄达可在辞归岭南时，钱谦益向他赠诗索酒的举动，充分说明了钱氏对荔枝酒的热爱：“记取荔枝香酒熟，盈尊寄我莫辞贫。”为了确保达可寄酒，再三叮嘱他不要以家贫为借口，而且要满坛满罐的寄。当然以钱氏之富，不至于让他白送，不过在充分显示他们关系亲密的同时，更显示他对岭南荔枝

钱谦益

酒的贪爱。而以钱氏之尊，天下美酒，岂有不尝之理，而恋恋如此，自显荔枝酒之卓异。这一点，在黄达可归去之后，他寄赠的《后送达可》诗中得到进一步彰显："秋水柴门执手辰，五羊南望重沾巾。白杨萧瑟多良友，碧血轮囷有故人。洗面不堪斟老泪，濯缨犹喜剩闲身。明年再酿荔枝酒，更与松醪斗小春。""五羊南望重沾巾"固然表示他们的师生之情，大约多少也与对荔枝酒的想念有关，因为结句说"明年再酿荔枝酒，更与松醪斗小春"，这松醪可是古之名酒，晚唐大诗人李商隐《复至裴明府所居》诗即说："赊取松醪一斗酒，与君相伴洒烦襟。"以此相比，荔枝酒便足资高踞古今名酒之列了。

一般人所不知的是，钱氏这两首诗以及后来所撰的《陈乔生诗集序》，都寄寓了其降清之后，有志反清复明而事有不偕的悲慨。特别是后者，开头就说他并不认识陈乔生，为其作序，只因为他是陈子壮的弟弟，而他与陈子壮也不过"礼先一饭"，即"握手倾肺腑若兄弟然"，然后"乔生虽未识半面，余以为南海之弟犹吾弟也"，激于忠义，又

“老人冬序，百感交集”，幸赖可“酌羽觞饷荔枝酒”，遂“醺然命笔，寒灯青荧，窗纸窸窣，如有神物”。诗酒风流之外，兼存一种慷慨悲壮之气，于荔枝酒史之外，为江南文化与岭南文化及其交流，留下珍贵的一笔。

钱谦益还有一首《岭南黄生遗余酒谱酿荔枝酒伊人遵王各饮一觞伊人有诗率尔和之》，写他和柳如是及他最看重的族侄孙钱遵王共饮荔枝酒的情形：“岭南荔枝酒，邮传胜鹤觞。共看重碧色，未许满杯尝。至齿俄销绿，冲肠始泛香。还怜曲江赋，空负此琼浆。”诗中连用数典来形容荔枝酒的之佳，赞誉得简直无以复加。

他也曾拿出珍藏有年的荔枝酒为有“桐城三诗家”之誉的一代才俊方文饯行，并自吹自擂般大赞，不是极致的真爱，当不致如此“自失客套之礼”：“……我有羊城荔枝酒，故人岭表来称寿。缸眉聊可谢世人，缸面只应饮好友。经年封固为君开，莫惜临歧尽一杯。”（钱谦益《方生行送方尔止还金陵》）方文在也对此次宴饮感念不已，作《钱牧斋先生招饮荔枝酒酒后作歌》曰：“有客来自五羊城，手携荔枝酒一罂。云是荔枝浆所酿，以饷虞山钱先生。先生安置床头久，欲饮还须待良友。忽闻我到意欣然，亟唤侍儿开此酒。我从未啖鲜荔枝，今茹此味方知之。色如玉露初寒日，香似轻红乍擘时。古瓷频劝不肯止，先生爱我乃如此。何以报之惟药方，社酒治聋加铁矢。”又作《别钱牧斋》再三致意，诚有如荔枝酒之醇厚绵长：“我客虞山暑正烦，十朝九扣先生门。持杯不惜荔枝酒，穿径如入桃花源。古人命驾轻千里，烈士酬知重一言。临别依依更回首，相期冬月再过存。”

我们知道，晚唐以降，江南逐渐成为中国的经济文化中心，这对岭南文化影响甚巨，特别是明清以来，岭南文化，直以江南为师。尤其是屈大均，在其成长的关键时期，先后得到两位文坛盟主钱谦益与朱彝尊的奖掖，屈大均本人对此也感念不已：“名因锡鬯起词场，未出梅关人已香。”但是，有如“教学相长，青出于蓝”，屈大均先是以僻处岭南的一介布衣而获得文化中心领袖的奖掖乃至推崇所带来的最重要正面影响，却是“三吴竞学翁山派，领袖风流得两公”，（《屡得友朋书札感赋》）反过来影响江南文化，与江南文豪互为师友了。荔枝酒的故事亦复如是。既得江南文宗不吝予以崇高的嘉奖，岭南诸公自然也自豪地以此待客相高。屈大均便作有《荔支酒》（王太守席上作）长诗，极言此一岭南风物之美，并称“以荔支花酿酒，仙方也”。

“岭南三大家”之一的陈恭尹，对荔枝酒的颂扬丝毫不亚于屈大均；他作《荔枝酒》（惠州王子千使君席上咏）称：“通神益智功如在，美色怡颜力更全。”诚属仙品。“岭南三大家”另一大家梁佩兰，饯行江南友人，也以荔枝酒相邀：“我有荔枝酒，迟君不肯来。别离无限意，相送越王台……”（《送汪寓昭查德尹归余杭》）梁佩兰不仅在故乡骄傲地以荔枝饮为朋友饯行，还带往他乡招待友朋并大获赞誉：“生从炎峤丹砂窟，长伴花田玉雪翁。缃带红襦都不惜，浑身跃入水晶宫。（酒贮玻璃瓶中）”“甘逾琼露浓欺乳，风味真看玉有香。一滴试尝如灌顶，不将辛苦换伊凉。”（陈大章《梁药亭来自岭南招饮荔枝酒同陆辛斋郭皋旭魏禹平分赋》）未详此次招饮于何时何地，但诗作者陈

梁佩兰

大章系湖北黄冈县人，康熙戊辰进士，选庶吉士，以母老乞归。如此，地点则非鄂即京了。然无论京鄂，就文献所征而论，荔枝酒在江南与岭南大文人们的鼓吹下，已经开始溢出岭南与江南而进一步北上了。至清初稍晚，新的文坛宗主、官至刑部尚书的山东人王士祯作《荔支酒》诗盛赞荔枝酒，则荔枝酒之北传成功，已成很显明的事实："红透蝉纱裹玉肤，酿成香味胜芙蕖。西川驿骑传天宝，枉使宫中损左车。"

稍后，曾任惠州知府的河北宝坻人王煐作《荔支酒》，也先抑后扬——广东什么都好，就是酒不好，但偏偏荔枝酒好，而且好得不得了，古今名酒都鲜有能比，并飞骑传驿致京以为报效："老亲爱饮容颜好，两月飞驰到北京。"康熙进士，翰林院编修、武英殿纂修官宫鸿历在帝都席上饮到荔枝酒后，也不由激情四射，赋《荔枝酒新城公席上同赋》诗大赞："……日炙雨淋不成腊，雪打冰封到京邑。白玉为浆恨不香，清霜熬饧难比白。齑酸蜜甜那可尝，生民以来无此方。酒经一卷偶收得，更跨仪狄陵杜康。我食破砚行久淹，司寇席上才醉沾。公方为世作姜桂，爱此森森正味严。八闽我旧经行处，叹息空枝风叶举。坼泥忽见鸭绿波，流涎已到鹅黄乳。噫嘻，永元天宝几变更，伯游林甫殊讥评。但得一饮尽一石，不向红尘问侧生。"

再后来，荔枝酒便成为粤人或自官游粤地者北上的必备珍贵"手信"："相见何须问粤装，只携名酒自殊方。才倾淡白梅花色，细领轻红荔子香。万里停杯谈客路，九回扬觯洗离肠。明珠翡翠原无用，赢得亲朋醉一觞。"（王时翔《稧亭兄粤游初归出荔枝酒饮客即事》）"佳酝携来庾岭东，清如玉色味偏浓。一甌令我颓然醉，身在罗浮四百峰。"（喻文鏊《荔枝酒》）

荔枝酒北传最显赫的成就，或者说最成功的身份，就是成为贡品，如《红楼梦》作者曹雪芹的祖父、四次在家接待康熙南巡的曹寅在《施浔江和诗留别兼饷荔枝酒作此志谢》诗中说："谁拈重碧擘轻红，万里春随艒舶风。方物常年随职贡，邮签第一接诗筒。可怜口腹知吾嗜，聊遣离愁对使空。斟酌色香浑未改，檐花狼籍晚烟中。"再则成为国礼：

“博尔都噶国王若望遣使麦德乐等具表庆贺，恭请圣安，仪与五十九年同进贡方物……又特赐国王人参、内段、瓷器、洋漆器、荔枝酒、芽茶、纸、墨、绢、镫、扇、香囊等物，来使亦加赐有差。”（《清通典》）获此圣誉，荔枝酒的声名便不容后人妄议了。后来题咏赞誉荔枝酒的篇章固所在多有，不必赘列了。

四、各领风骚：潮州菜与客家菜

粤东的潮汕和梅州，过去称为潮嘉或岭东，常常予人一体化的印象，后来虽有潮汕人、客家人之说，但互相之间的影响还是非常大的。潮、客在饮食上也互相影响，比如潮州代表性食物之一潮州牛肉丸，就源于客家。再则，由于潮、客均经汕头出海，南下北上，而鲜经省城，因此相对于以广府为中心的粤菜系，互相影响又各具特色的潮州菜与客家菜便显得大异其趣，以至于唐振常先生认为“八大菜系”中没有潮州菜，委实不该。如此，真值得特别分述了。

（一）潮菜初起

岭南饮食，以“食在广州”声闻宇内，乃至蜚声国际。然而，在广东省内，又有“食在广州，味出潮州”之说，以其民系长期拓殖东南亚地区，最擅长利用东南亚的香料资源——早期欧洲与亚洲的贸易之路，便有“香料之路”的俗称——最典型的是制作潮菜卤水，动辄使用十数种乃至数十种香料，如此，焉得不使潮菜独步天下！早在20世纪80年代中后期，岭南文化的“大佬”黄树森教授，便认为潮州菜作为粤菜的新先锋，“将会以每年五百里的速度‘北伐’”，于今视之，京城顶级酒楼，绝对少不得潮菜的份儿。

1. 方澍的《潮州杂咏》与粤菜渊源

韩愈的《初南食贻元十八协律》无关潮州，虽为憾事，但近人方澍的《潮州杂咏》，却也十分值得珍视；该诗刊于陈独秀主持的《青年杂志》1915年第1期，乃笔者治岭南饮食文化史多年，“食在广州”百余年来更是名满天下表征民国的情形下，难得一见的经典文献，堪与韩愈的《初南食贻元十八协律》和赵翼的《食田鸡戏作》鼎足而三，更是关于潮州饮食早期最重要的文献之一。作者方澍，字六岳，安徽无为人，桐城派鼻祖方苞后人，光绪二十年举人，富有诗才，2014年，后人曾收集整理其存诗为《六岳诗选评注》，由黄山书社出版。他为李鸿章所

潮州卤水

赏识，被延入幕并充馆师。亦与陈独秀等相友善。曾宦游岭南，著有《岭南咏稿》二卷，所作“写粤中风物殊肖”，《潮州杂咏》即是其代表作。诗虽发表于1915年，实写于1892年游幕潮州时，时年36岁。现对其中与饮食有关的诗句略作疏解：

薏苡能胜瘴，兴渠每佐餐——岭南瘴疠之地，薏米能够治瘴疠，还常有兴渠（又名阿魏，一种原产印度的香料）佐餐而食。

三冬中炎疫，煎取兜娄婆——岭南冬天都有热病，便煎了又名苏合香，有开窍辟秽、开郁豁痰、行气止痛功效的兜娄婆来御疾。

苦竹支离笋，甘蕉次第花——苦竹陆续长笋，香蕉先后开花。

唧唧入筵鼠，寸寸自断虫——入筵鼠即蜜饯乳鼠，因用蜜涂了，但还活着，吃的时候还唧唧叫呢；自断虫即禾虫，禾熟时期，寸寸自断，煮食鲜美无比。

飞飞鲟似燕，高御海天风——鲟鱼飞出海面像燕子似的。鲟鱼肉质细嫩而洁白，味鲜美而肥腴，补虚益气。

举觞荐蚶瓦，荷镭种蚝田——蚶瓦，即俗称瓦垄子或瓦楞子的一种小贝壳，生活在浅海泥沙中，肉味鲜美。唐代刘恂《岭表录异》说："广人尤重之，多烧以荐酒，俗呼为天脔炙。"著名作家高阳认为即是血蚶，"烫半熟，以葱姜酱油，或红腐乳卤凉拌"，甚美。种蚝田，即到海边滩涂中放养小蚝。

海月拾岛榜，蛤蜊劈白肪。——《食疗本草》说海月这种壳质极薄、呈半透明状的贝壳："主消痰，以生椒酱调和食之良。能消诸食，使人易饥。"崔禹锡《食经》则说："主利大小肠，除关格、黄疸、消渴。"蛤蜊，也是一种贝壳，佳者称西施舌，肉质鲜美无比，被称为"天下第一鲜""百味之冠"。

晶盘盛瓜珀，斑管谱糖霜——瓜珀即水果腌制加工而成凉果，在潮州地区尤其发达，畅销海内外。斑管，即毛笔。谱糖霜，写下糖霜谱。糖霜即精制的白糖，用以表示糖的精良。潮汕平原是中国著名的蔗糖产区，蔗糖品种多，质量佳，足堪作谱立传。

布灰数罟后，乘潮张鬣初。鳗鲡陟山阜，缘木可求鱼——明代黄衷《海语》详细描述了如何在海鳗随潮水涌到山上去吃草的路上，布下草灰陷阱以捕捉的情形："鳗鲡大者，身径如磨盘，长丈六七尺，枪嘴锯齿，遇人辄斗，数十为队，朝随盛潮陟山而草食，所经之路，渐如沟涧，夜则咸涎发光。舶人以是知鳗鲡之所集也，燃灰厚布路中，遇灰体涩，移时乃困。海人杀而啖之，其皮厚近一寸，肉殊美。"山上能捉到鳗鱼，就如同树上能捉到鱼一样。

蟛蜞糁盐豉，园蔬同鬻熬。——蟛蜞是一种小蟹，一般认为是有毒的，"多食发吐痢"，所以一些广东人将其用来喂鸭肥田。但经过潮州人烹制出来，已是味道绝佳的无毒海鲜。屈大均《广东新语》的解释是："入盐水中，经两月，熬水为液，投以柑橘之皮，

生腌海鲜

其味佳绝。”并赋诗赞叹：“风俗园蔬似，朝朝下白黏。难腥因淡水，易熟为多盐。”

从上面所引诗句及其疏解中，我们可以了解到潮州地区的一些特色饮食，而其传统则不出岭南的主流，或许这也是传统潮州饮食文献鲜见单列的原因。或者在主流传统之中，其烹制方法有特别之处，连诗的作者方澍也欣然有得，故在诗的后半说：“尔雅读非病，人应笑老饕。”有这么好吃的潮州菜，思乡之苦，大可舒解了。

2. 《梦厂杂著》开启的潮州工夫茶书写

潮州饮食，最具象征意义的，莫过于工夫茶；工夫茶始于何时姑且不论，最早的经典性描述，莫过于清乾嘉间绍兴人俞蛟的《梦厂杂著·潮嘉风月·工夫茶》：

工夫茶，烹治之法，本诸陆羽《茶经》，而器具更为精致。炉形如截筒，高约一尺二三寸，以细白泥为之。壶出宜兴窑者最佳，圆体扁腹，努嘴曲柄，大者可受半升许。杯盘则花瓷居多，内外写山水人物，极工致，类非近代物，然无款志，制自何年，不能考也。炉及壶盘各一，惟杯之数，则视客之多寡。杯小而盘如满月，此外尚有瓦铛、棕垫、纸扇、竹夹，制皆朴雅。壶盘与杯，旧而佳者，贵如拱璧。寻常舟中，不易得也。先将泉水贮铛，用细炭煎至初沸，投闽茶于壶内冲之。盖定，复遍浇其上，然后斟而细呷之，气味芳烈，较嚼梅花，更为清绝，非拇战轰饮者得领其风味。（俞蛟《梦厂杂著》卷十《潮嘉风月》）

同光间曾官两广盐运使兼广东布政使的安徽定远人方浚颐，也视工夫茶为经典名茶："价过龙团饼，珍逾雀舌尖。主人真好客，活火为频添。潮州工夫茶，甘香不如是。君山犹逊之，阳羡差可比。"（《苦珠茶出武夷山每斛索价银十六两》）方氏所言工夫茶，非指泡茶之法而指茶叶，这工夫茶叶，当指潮州产待诏茶，也叫黄茶。顺治《潮州府志》卷一说："凤山茶佳，亦名待诏茶，亦名黄茶。"嘉庆《大清一统志》也说："待诏山，在饶平县西南三十里。土人种茶其上，俗称待诏茶。四时杂花不绝，亦名百花山。"福建漳浦人蓝鼎元（1680—1733，曾为官潮州）的《饶平县图说》也有记述："待诏山产土茶，潮郡以待诏茶著矣。"曾游幕岭南居停潮州的江西临川人乐钧（1766—1814），作有《韩江棹歌一百首》，亦有咏及："百花山顶凤山窝，岁岁茶人踏臂歌。阿姊采茶侬采苧，不知甘苦定如何。"并自注曰："饶平百花山，一名待诏山，产茶，名待诏茶。潮阳出凤山茶，皋芦叶名苦苧，苧一作萶，粤人烹茶必点苧少许以为佳。"当然，最美的吟咏，来自归籍岭东的丘逢甲，其《饶平杂诗十六首》有云："古洞云深锁百花，香泉飞饮万人家。春风吹出越溪女，来摘山中待诏茶。"

晚近写工夫茶最好的，则非杭州人徐珂（1869—1928）莫属。1927年，他连续写了两篇加五则，记叙他在上海享用工夫茶的经历，真是为工夫茶以及潮州菜留下了十分可贵的文献材料。他的第一篇《茶饭双叙》说：

沪俗宴会，有“和酒双叙”。和酒，饮博也，珂今乃得茶饭之双叙矣。丁卯（1927）仲冬二十日，访潮阳陈质庵（彬）、蒙庵（彰）于其寓庐。夙闻潮人重工夫茶，以纳交有年，遂以请。主人曰：“吾潮品工夫茶者，例以书僮司茶事，今无之，我当自任，惟非熟手，勿哂我。”乃自汲水烹于小炉，列茶具于几。茶具者，一罐子（潮人以呼壶，壶甚小，类浙江人之麻油壶），置于径五寸之盘，而衬以圆毡，防壶之滑也。四杯至小，以六七寸之盘盛之。别有大碗一，为倾水之用。小炉之水沸，以之浇空壶、空杯之中及四周，少顷倾水于大碗。入武彝铁观音于壶，令满，旋注茶汁于四杯，注汁时必分数次，使四杯所受之汁，浓淡平均，不能俟满第一杯而注第二杯也。饮时，一杯分两口适罄。第一口宜缓，咀其味；第二口稍快，惧其温瞰。饮讫，且可就杯嗅其香。入茶叶于壶一

工夫茶

泡，一泡可注沸水七八次（七八次后之叶倾入大壶，注沸水饮之犹有味）。

我们今天经典的工夫茶饮法，就是如此；有人说今天的工夫茶是后来的花哨化，从这篇文章看，非也，的确是原本如此——潮州工夫茶道早已很成形很成熟了，就其作为一种非物质文化遗产而言，恐怕也是传承得非常好的。饮完工夫茶，接着吃潮州菜，也是特色分明：

主人饷两泡，餍我欲矣，既而授餐，则沪馔、潮馔兼有之。龙虾片以橘油（味酸甜）蘸食也，白汁煎带鱼也，芹菜炒乌鲗鱼也，炒迦蓝菜（一名橄榄菜）也，皆潮馔也。又有购自潮州酒楼之火锅（潮人亦呼为边炉，而与广州大异），其中食品有十：鱼饺（鱼肉为皮，实以豕肉）也，鱼条（切成片，中有红色之馅）也，鱼圆（潮俗鱼圆以坚实为贵）也，鲽鱼也，青鱼也，猪肚也，猪肺也，假鱼肚（即肉皮，沪亦有之）也，潮阳芋也，胶州白菜也，汤至清而无油，无咸味，嗜食淡者喜之。茗饮醉心，午餐饱德。珂两客羊城，屡餍广州之茶馔，而潮味今始尝之，至感质庵、蒙庵之好客也。

正文之末，另附“外三则”，于工夫茶和潮州菜，均属有益的文献：

是日平湖陈巨来（斝）亦在坐，为言江都夏宜滋（同宪）好品茶，与香山欧阳石芝（柱）有同好，蓄茗荈至十余种之多，有作荷花香者。且有茶圃于沪，亦与石芝共之。

质庵言潮人立冬，例享芋饭，以豕肉、鲽鱼、虾仁羼入，农家尤重之，盖力田一年，自为农隙之慰劳也。

蒙庵云：潮人日三餐，异于广州之二餐。晨以粥，午晚皆饭，入夜亦或有食粥者，曰“夜粥”，非若广州之呼“宵夜”也。又云潮之饭异于江浙，先煮米为粥，于粥中捞取干者为饭。珂曰：此亦

> 予之所谓一举两得也。蒙庵又云：潮以富称，而窭人子亦有常日三餐为粥者。
>
> 茶具兴奋，恒损眠，铁观音尤甚。珂饮二泡，巨来曰：“今夕必无眠。”然自陈家归时已四时，即假寐，至晡始醒，睡至酣也。（《康居笔记汇函》第一五四则，山西古籍出版社1997年版）

这陈巨来，可是有“三百年来第一人”之誉的著名篆刻家，而其遗稿《安持人物琐忆》，经著名作家和学者施蛰存之手在《万象》连载七年，风靡一时，被誉为民国版《世说新语》，其中赫然有《记陈蒙安》一文——书中“陈蒙安”亦写作“陈蒙庵”。从中我们知道，当日他们得享如此讲究之工夫茶与潮州菜，以其家世富豪也。陈蒙安秉承潮人的传统，富而好文，大约是其邀约徐珂及陈巨来的原因之一。特别是拜晚清四大家之一的况周颐为师之后，学业精进，一时成为沪上名流，足以为潮人荣光，可惜今人多不知晓。

不久之后，徐珂又与程子大往访陈蒙庵，也是得饷工夫茶与潮州菜；茶与菜均不同于前次，亦足资记取：

> 丁卯腊八后六日，与程子大丈访质庵、蒙庵，亦以工夫茶相饷，则见有至自暹罗之茗壶。以砂为之，似宜兴，色淡，其当有篆文之章，远望之疑为曼生壶。亭午亦留饭，馔为前所未有。辣椒酱（来自暹罗，其中疑有鱼类羼入）炒牛肉丝也，鲯脯（潮人于肉类之干者皆曰脯，鲯鱼宜为脯，鲜时食之味较逊）炒猪肉丝也，鸭脯（以鸭入酱油浸透，更爇竹蔗皮熏之。竹蔗与广州之蔗、唐栖之蔗皆异。沪无之，乃代以崇明芦粟之皮）也。火锅中为青鱼头及笋，不加油，亦潮食也。（《康居笔记汇函》第一五五则《工夫茶》）

徐珂固喜欢潮州工夫茶，然未至于推崇，真正推崇潮州工夫茶的文献，当首推飘穷《香港的茶居》一文，他直接把潮州工夫茶推为中国之首：“中国人对于饮茶确实有研究的，要算广东的潮州人。我在汕头住过三年，觉得潮州人饮茶十分讲究。他们不用大碗，而用仅有五分高大的泥小杯，茶壶是异常巧小。客来，只奉小杯茶一杯，茶味浓得像咖啡，但不会苦口，咽下去似乎还希望第二杯到来。可惜，主人只许奉一杯。我们饮茶是一杯一口地咽下，真不失为牛饮；而潮州人则不然，他们把茶杯放在嘴唇边，一点一滴却去尝茶味，他们是饮茶，不是解渴。”（飘穷《香港回忆琐记之九》，上海《中华周报》1933年第90期）

稍后数年，山石的《茶与粤人》亦作如是观。文章先宏观地说广东人嗜茶弥笃，并举省城广州为例曰：“粤人嗜茶之弥笃，吾人试观粤省之茶楼、茶室、茶庄，以及嗜茶之大众，便见一斑。单就广州市来说，茶楼达一百六十余间，茶室一百三十余间，大小茶庄不下六十余间，茶点粉面行大小七百余家……”接着笔锋一转，借以大肆推崇起潮州工夫茶来：“然广州人虽饮茶，远不若潮州人之甚。我看潮州人饮茶，若极有分寸。以家居言，客至，端茶请客，茗盘之上，端起几只小茶杯。如果客人是内行，则当举杯到口之时，必细斟慢酌，一若无限滋味也者，然后谓之有研究。若一举而尽，则谓之外行。潮人所用之茶壶，尤为讲究，据说茶渍越多，茶壶越有价值，多至不要茶叶而饮时有茶味者为珍品，甚之讲身价财产亦以茶壶为对者，闻家藏有多渍之茶壶，亦一体面之事。其重视大抵如此。”（《社会科学》1937年第6期）

对潮州工夫茶的推崇，不绝如缕，而且一再推为最会饮茶的广东人的翘楚：“我们恒见潮州人的饮茶甚为讲究，如茶壶巧小玲珑，茶杯小如婴嘴，他们不像掘井止渴般那样豪饮，而在悠闲地细嚼，但是广东则是大壶一罐或大杯一只，只管水到色黄，便算是茶，即使一冲再冲，驯而味淡色白，饮之每同嚼蜡，亦不之顾。”（天香《广东人饮茶三部曲》，《快活林》1946年第12期）

3. 潮州菜的上海往事

上海著名学者唐振常先生说：“八大菜系中无潮州菜，大约以为潮州菜可入粤菜一系，此又不然。通行粤菜不能包括潮州菜的特点，凡食客皆知，试看香港市上，潮州菜馆林立，何以不标粤菜馆而皆树潮州菜之名？昔日上海，潮州菜馆颇多，后来几近于无，近年才又抬头，尽管不地道。有的连工夫茶也没有，问之，答说：茶具没有准备好。虽然，上海人还是喜欢品尝。”（唐振常《所谓八大菜系——食道大乱之一》，《饔飧集》，辽宁教育出版社1995年版，第26页）言辞之间，既大大地褒奖了潮州，也表明了上海人的喜爱。

然而，潮州菜之登陆上海大众媒体而逐渐广为人知，却是在20世纪二三十年代以后——徐珂所记，已是1927年，尚未即时刊布。依笔者陋见，较早报道潮州饮食的，是《上海常识》1928年第46期明道的《潮州茶食店》，然仅止于茶食，而未及于酒食，而且还说上海的潮州茶食店并不多见：

> 上海的茶食店真多极了。其中大概分苏州、广东、宁波、潮州等几派。现在我先来谈潮州茶食店。潮州茶食店上海很少，只有五马路的勃朗林和浙江路正丰街的富珍等几家。他们的出品有文旦皮、冬瓜糖、猪油软糖、花生酥、猪油软花生糖等十多种。其中尤以文旦皮和软花生糖二种为他家所没有的。文旦的皮本是废物，但是经他们制造过之后很是可口。软花生糖则松软异常，比别种茶食店里的花生糖好吃得多咧。一到中秋节他们有月饼出售，这种月饼在上海别成一式，就是潮州月饼。

转过两年，潮州菜开始逐鹿上海饮食江湖了。但最初在上海最著名的《申报》（1930年11月3日）打广告的，却并不是潮州餐厅，而只是爱多亚路太平洋西菜社新增潮州菜的广告；再从其广告内容，也恰证潮州菜此前的沉寂无闻：“上海各菜皆有，而潮州菜独付阙如，大可惜也……”当然，这种说法有偏颇，前述徐珂已说到陈氏兄弟招待他们的潮州菜，有叫外卖自潮州酒店。大约其已有觉察，故一周之后，在一篇软广告性质的文章中，说上海还是有一家但也仅有一家像样的潮州菜馆，不过水平却远逊他们太平洋西菜社新增的潮州菜：

本埠潮州食肆，其规模较大者，只满庭坊徐得兴一家而已。创办者为一徐姓潮人，彼邦人士，都称其肆曰“老徐仔”，而不以市招名也。所治肴核极精美适口，非若徽宁两帮之过于油腻，而清鲜且胜于广州菜，惟以不宣传故，就食者咸为潮人，外籍人士鲜有过其门者。

今太平洋菜社，特聘名厨，添设潮菜，其烹调布置，远胜于徐得兴，故就食者无不称美。尤以鱼翅一味，最擅胜场。（天仙《韩城之食》，《申报》1930年11月11日）

不过有时为了广告的需要，睁眼说瞎话也是必要的，故他们同一天的广告还搬出著名潮籍导演郑正秋，说上海没有真正的潮州菜：

爱多亚路太平洋西菜社，近因新增潮州菜，特于昨晚宴请报界，由郑正秋君致辞介绍潮州菜之特色，略称上海各色菜肴应有尽有，惟于真正之潮州菜尚付缺如，今太平洋西菜社新增潮州菜，不愧首屈一指。而潮州菜中，尤以鱼翅一项，较任何菜馆所制者更为味浓而滋补。盖以潮州菜中之鱼翅，每碗须费三日工夫始制成云。（《郑正秋太平洋西菜社宴客：新增潮州菜》，《申报》1930年11月11日）

虽然广告有偏，总而言之，潮州菜在沪上的声名并不彰显，还可以说势力甚弱。到1935年，杂志上有专节谈上海潮州饮食的文章出来，潮州菜馆也还是只有几家，最好的仍是那家老牌的徐得兴，也只是味道好，陈设装潢却破旧：

现在再说潮州菜，然潮州菜亦广州菜之一种，但一样是广东菜，广州和潮州的风味，却绝对不同。全上海的潮州菜馆却很少，除了北四川路有几家外，其余公共租界上却不多见。据我所知，五马路满庭坊里，有一家徐得兴菜馆，却是正式潮帮，里面陈设虽极破旧，但却很有声望。还有法大马路的同乐楼也是潮帮菜馆。这

鱼饺

几家最著名的菜，不过内中要算一只暖锅了。平常各帮菜馆所配暖锅，不外放些肉圆、海参、抽糟、肉片、鸡丝、火腿、蛋饺、虾仁等老花样，决不改变，惟他们却别具风味，里面放着鱼肉做的饺子，虾和蛋做的包子，再加底里衬的是潮州芋艿，却是又香又脆，令人百吃不厌，然其售价也不昂贵，只须一元左右，读者不妨尝试一下，包管满意。至于热炒，以海鲜居多，如龙虾、响螺、青蟹、青鱼等，亦为潮帮特色。（使才《一粥一饭：上海的吃》，《人生旬刊》1935年第6期）

从此文看，上海人过去一直把潮州菜馆看成粤菜馆之一种，如此，则唐振常先生大可不必太介意潮州菜馆的不独立成系了；或许这也是潮州菜馆在沪上不彰显不发达的另一原因——有了广东菜吃，未必要另觅潮州菜吃。广州菜兴打边炉，潮州菜兴吃暖锅，风尚大体还是一致的——“去冬我同一个潮州同学到四马路书局去买书，经过一家潮州菜馆，那位同学便触起乡情，硬要我同他进去吃一顿潮州菜的十景暖锅，

我不便推却，就同他走了进去。”（陈天赐《潮州话》，《申报》1937年1月25日）

可是，也有“意外”的是，中华书局1934年出版的沈伯经、陈怀圃所著《上海市指南》和1936年出版的《上海游览指南》，均十分推崇潮州菜，尤其是后者，在第三编《起居饮食》中介绍各派菜肴及菜馆时，还将潮州菜单列并置于粤菜之前加以介绍说：“潮州菜为粤菜中之一派，与广州菜绝不相同。”尽管如此，介绍到潮菜馆时，也又是屈指可数：“此项菜馆惟北四川路有之，余则同乐楼（法租界公馆马路）及徐得兴菜馆（广东路，即五马路满庭坊）。擅长之菜，以海鲜为多，如‘炒龙虾’‘炒响螺’‘炒青蟹’等，而以冬季之暖锅为最佳。内容有‘鱼肉饺子’‘虾蛋包子’及‘潮州芋艿’等，风味比众不同，而‘京东菜’一味，亦极佳妙，门市可另售，每罐约三四角。”

（二）问鼎粤港

潮汕滨海，靠海吃海，上焉者为海商，下焉者为海盗；为海商者，驾起红头船，北上上海、天津，南下香港、南洋，而以香港、南洋为盛。所以，上海潮州餐馆不甚兴，而南洋新加坡则是：“买醉相邀上酒楼，唐人不与老番侔。开厅点菜须庖宰，半是潮州半广州。”（晟初《海外竹枝词》之《星加坡》，《侨声》1942年第6期）相对而言，省城广州，反不是潮汕人的“菜”——晚清民国有关潮汕人的活动记录不多，有关潮州菜馆的报道则更少。

据陈国贤《独具一格的潮汕风味》所述，潮菜名厨朱彪初声名大著，是在1957年到华侨大厦主理潮州菜之后，令潮籍人士宾至如归，享誉海内外；因为周总理的青睐，他还曾应邀北上，充任“御厨”有时。但他们兄弟初来广州时，只是在惠福东路大佛寺街口开设“朱明记”大排档，主营的也只是潮州鱼品粉面、煲仔饭，筵席则不过兼营包办。之所以只有这种小格局，是由于那时广州还没有专门的像样的潮州菜馆，

蚝烙

关键是潮人聚集不够，没有像样的市场环境。除朱氏兄弟的朱明记外，另一家位于一德东路叫“侨合”的小店，认真经营地道潮州小食如煎蚝烙、炒粿条、沙茶牛肉等，也有声名。除此之外，即便像上海太平洋西菜社那样，聘请潮汕名厨主理新增的潮州菜的情形，也并不多见。其中较有名的，在民国时期，首推沙面胜利大厦，因为经理是潮州人，故有特聘潮州名厨精制潮州菜式和美点，颇能为潮菜开道。再后来，新的南园酒家1963年在海珠区开业，1964年聘得潮州大厨李树龙，也开始供应潮州风味菜式，但李先生此前售艺于潮汕福建一带，不谙广州市场，影响终究有限。（《广州文史资料》第四十一辑）

同时，也说明市场对于饮食业的发展的重要性，尤其是声名外传的重要性。真正的潮菜潮做，那得要等到改革开放，尤其是有高速公路之后。因为潮州菜以海鲜为主，有些品种的海鲜还是潮汕特有，有的则他处的海产商并不供应，所以你现在去地道点的潮州菜馆，无不标榜海鲜新鲜运到——大酒店有自己的运输渠道，小餐馆也会联系固定的一辆早班大巴，以确保及时运抵。再者，也只有改革开放，广东经济发展，广州餐饮市场发展，产生足够的食客群体，才是地道潮菜得以生存的有效保障。

现在广州的潮菜馆，最富标志性的特色名菜之一是卤鹅，尤其是鹅头，而粤菜特色则是烧鹅。推而广之，潮菜多卤味而少烧腊，粤菜则多烧腊而少卤味，从这个角度讲，潮菜、粤菜的区别还是蛮大的。潮汕人的卤水特别是卤鹅传统还是很悠久的。比如，潮汕人逢年过节祭祖拜神，多用卤鹅，广府则用鸡，前已有述。鸡头如砒霜，广府人多不吃，烧鹅头也紧致乏味，而卤鹅头则是潮菜尚味。这潮汕卤鹅啊，可不像广州烧鹅用的是小型黑鬃鹅，而是用澄海种重达二三十斤、有“世界鹅王”美誉的狮头鹅，头大得很，一个鹅头连脖子可切成一大盘，卤熟的鹅头是又烂又入味，老年人都能吃得津津有味，其呈狮头状的额颊肉瘤，极是肥美，更有特别的脂香。因此，鹅头是越大越好。从前这种大鹅头往往取自养了三四年的种公鹅，现在由于有市场需求，就有人专门饲养两三年的公鹅，这种上等的大鹅头，售价动辄数百至上千！当然，“味出潮州”的味，不仅是鹅之味，更是卤之味。潮州卤水，高汤为底，配以二十余种香料，其中不乏名贵者；还有被称为潮州姜的南姜和引自东南亚的香茅等独门配方。潮州卤水，常被视为潮味秘籍，外人是难以学精卤水的调制的。近年来，潮籍美食达人蔡昊倡导用英格兰出产

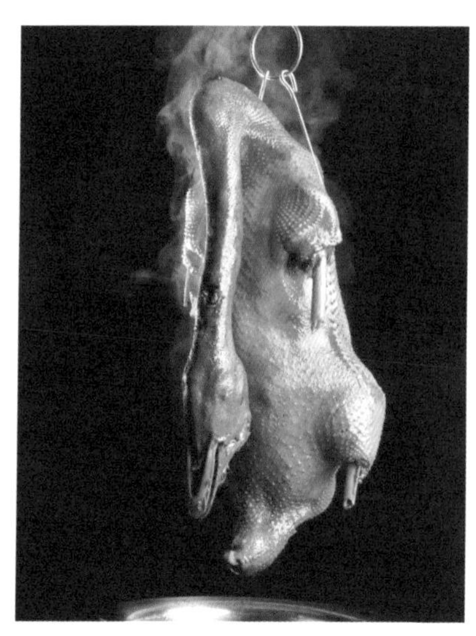

卤鹅

的单一麦芽威士忌，如30年的格兰杰（Glenmorangie）来配卤狮头鹅头，那当然是人间美味，鹅的骨香、酒的果香和调料的辛香配合得天衣无缝，让人回味无穷。但这种高年份的酒已经是天价，卤出来的鹅头更是“此鹅只应天上有，人间能得几回尝”，一“头”得道而“肝肠”升天。在卤水鹅头的带动下，潮州卤水鹅肠、鹅肝，也成了席上之珍；整得好的鹅肝，还企图叫板法国鹅肝呢！鲍汁鹅掌或者辽参鹅掌，那更是经典名菜了；饶平的鹅血汤，配以豆芽、酸菜、葱头，极其嫩滑可口。

从卤鹅我们已可看出，潮菜与粤菜在调料上的重要分野是，粤菜以酱油为主，而且这一点对粤菜特色的形成影响深远，如清人胡子晋《广州竹枝词》所咏：“佛山风趣即村乡，三品楼头鸽肉香。听说柱侯传秘诀，半缘豉味独甘芳。”而潮菜则基本不用酱油，而以卤水和点酱为主；粤菜的配料多是复合着用，潮菜则是分开的，品种繁多，一席之上，小碟无数：鱼露、红豉油、橘油、梅糕酱、沙茶酱、咸柠檬、咸酸梅、南姜末、蒜（葱）头朥、韭菜盐水、三渗酱、普宁豆酱、姜米陈醋等众彩纷呈；如果要上粥，还要辅以杂咸、菜脯、橄榄菜等。尤其是鱼露，为潮菜所不可或缺，乃是用鲜江鱼卤盐沤烂，再经过蒸煮提炼而成，味极鲜美，是酱油或豉油的标准替代品；然其因鱼腥味，外人颇难适应。下南洋下出来的沙茶酱，用以烹制潮菜特有的沙茶牛肉、串烧等，别具风味。孔夫子说不得其酱不食，潮菜是不得其佐料不食。一道最普通的牛肉丸汤，除了碗里已撒的鱼露、胡椒粉、猪油炸蒜泥（蓉）、冬菜、小磨香油、芹菜碎或生菜叶，还外加一小碟沙茶酱，供蘸牛肉丸之用。即使潮粤同食的白切鸡，佐料也大异其趣；潮菜通常要配上香油、豆酱、鱼露、橘油，以及在盘正中撒一把生芫荽。其他各样大菜上席时，必有不同佐料相配，如生炊龙虾必配橘油，生炊蟹必配姜末醋，干烧雁鹅必配梅膏芥末，清炖白鳝、清炖水鱼必配红豉油，酱碟繁多，蔚为大观，令人眼花缭乱的同时，也舌尖缭乱。

潮州菜中有名的明炉响螺，要烧得既脆且香，火候非常难掌握，简直无法教、无法传，人谓“裤头方”。其实，因为响螺唯潮汕所产为佳，向来是潮州名菜，当年朱彪初在广州华厦、李树龙在广州南园，都标为招牌名菜；在20世纪30年代的上海，更早已是闻名遐迩的潮菜招牌——中华书局1934年出版的沈伯经、陈怀圃编《上海市指南》就将其与炒龙虾、炒青蟹并列为三大招牌潮菜。

（三）回到潮汕

鲍参翅肚和响螺之类的高档菜，如果真堪为一系一派的代表菜，那也应该是居于某系某派的金字塔尖，也就是说其下深厚得很，否则再高端也无用。回到潮汕，回到潮菜的故乡，你就会有深深的体会。

广东多山少平地，珠江三角洲和潮汕平原是两处难得的鱼米之乡，繁荣富庶，自非他处可比，明人周元暐《泾林续记》也说“粤中惟广州府各县悉富庶，次则潮州”。故在饮食上，广州以外，唯潮州为上。但晚近以来，珠三角多有废稻种桑，不似潮汕平原，始终精耕细作，饮食也在大米上精细雕琢；另一方面，潮汕人长期局于一隅，耕田耕海而外，固拓殖商业，北上南下，乃至经营南洋，但多是走出去，不似广州的“走广”走进来，故其饮食，又最具地域特色。

1. 粿味潮汕

潮汕地区，虽属鱼米之乡，滨海为南海东海之交，海产甚美，但晚近以来，地少人多，总体说来，难以繁华富庶论，但其饮食，虽比不得广州作为天子南库的高大上，然其精细繁复则过之。以米论之，潮州单是米制小食——各种粿类，已可抗衡广州的“星期美点”，令人称奇。潮汕人做粿的精细，从其“种田如绣花”的源头上已体现出来；这种精细，也是潮人的秉性，他们的潮绣、他们的工夫茶、他们的木雕，无往而不精细，因此，他们的菜式与点心，也无往而不是粗中出精。

先说粿条。潮汕粿条是一种用大米粉蒸制后切成条状的食品，有些类似广州的沙河粉，但历史更为悠久，至迟应该在明代就已经出现并且

炒粿条

成为潮人祭祀的供品和食物。到了清代以后，伴随着潮人大量移居海外，潮汕粿条也在南洋华人世界中扎下了根，与福建面和海南龟啤（咖啡）并称，成为东南亚最大众化的食物之一。在马来西亚和新加坡，粿条的英文按照潮州音的发声写作“KUE TEO”，香港的食店音译过来后称为“贵刁”。远在巴黎的粿条汤则称为“金边粿条”，其实是20世纪70年代后柬埔寨难民带过去的。粿条可以泡来吃，也可以炒来吃，各有风味。

粿条而外又有粿卷及肠粉，与广州肠粉大同小异，唯其做工更精细，配料更丰富，常加上鸡蛋、香菇、虾米、鱿鱼、青菜、南瓜等，以普宁洪阳为著。三大类粿条而外，著名的尖米丸，也可视为类粿条，只不过它比粿条短些，而且两头尖尖而已。又，如果粿条为大种，各地还有不少类粿条的亚种。比如说粘米丸，其形似介于粿条与尖米丸之间，可谓最新鲜的粿条。它是把浓米浆倒在密布小孔的木板上，挤流于其下的七八十摄氏度的热水锅中，烫熟即浮，浮即捞起，过清冷之水后晾干，即可泡浓汤而食，新鲜爽口。粿汁则是一款杂粿条，其浆杂用七成米浆三成番薯浆，摊于平鼎，焙熟晾干，食时细切煮成酱状，淋上浅棕色的卤汁，辅以卤肠、卤肉、卤蛋、豆干等，趁热而食，美味醒神，乃早餐的上佳选择；其不淋汁者，则为干粿。

粿糕也有许多种，首推的当是炒粿糕：把精制的白米糕均切成小块，调入鱼露、甜酱油煎至金黄，再和入新鲜的芥蓝、虾肉、猪肉、蚝仔、鸡蛋等，佐以沙茶酱、辣椒酱、雪粉水、上汤等，外酥内软，滋味繁复，营养丰富，真是可以小吃吃到饱。咸水粿，洁白细腻的小小船形粿体，盛以潮州菜脯，也是独具风味。菜头粿，大抵同于广州的萝卜糕，但佐以芹菜、蒜花、花生仁、胡椒粉等，较广州要丰富味美些。干同粿和芋粿，皆以薯粉为粿皮，土豆（干同）为馅为干同粿，芋头为馅为芋粿。韭菜粿，顾名思义，是以韭菜为馅。水晶球，以生粉为皮，晶莹剔透，馅肉分明，可多种多样，多姿多彩。乒乓粿，粿皮与他粿大同而馅大异，传统以黑芝麻、糖粉、花生碎，渐加豆沙、香芋，又加槟醅麸、葱珠油等。

各种粿中，笋粿甚具特色，也相对贵气，俗语有"乞食婆想食笋粿"，如同说"癞蛤蟆想吃天鹅肉"。潮州出好笋，而且出夏笋，乃是笋中之奇。另有一种墨斗（乌鱼）卵粿，因墨斗卵产量甚少，也只有在汕头一带才吃得到。

粿类外的米制糕点，还有许多。如卷煎，以腐皮包裹糯米掺和的香菇、虾米、腌猪肉、栗子、莲子、芋、莲角，调以芹菜珠、鱼露等，上笼蒸熟，也可再煎，味甚美。落汤钱，也叫软果，用花生、芝麻粉和成粉团，蒸熟切件即成，有益气止泻、消渴暖脾胃之效。米润，由糯米、白糖、麦芽糖和猪油制成，一块一块，晶莹洁白，富胶黏感却不黏牙，甜而不腻，香醇清爽。爽口弹牙的糯米糍，各处都有。糯米酿莲藕，其实还有花生、红枣、莲子、红豆、红糖。书册糕，洁白晶莹，形似书册。鸭母捻，因为数上央视，颇负盛名，虽类汤丸，其馅之美味则远胜一般的汤丸；其干捞吃起来也很有名，美名曰凤凰春。

"时节做时粿"。潮州之粿，也是中国所有点心的一个重要源头，乃为祭神拜祖的供品。潮州还有许多应节之粿。如红曲粿、酵粿、白饭桃等用以祭神拜祖，红曲粿主要用于送灶日；春节有鼠曲粿，系将鼠曲草熬成汤汁，调入粿皮，裹馅压模，置叶上蒸熟而成；元宵节的甜粿、酵粿（发粿）、菜头粿“三笼齐”，以取甜、发、有彩头之意；清明节有朴籽粿，系用是朴籽树嫩叶和青朴籽捣烂，和大米粉、白糖、发酵粉混合成浆，倒入陶碗，上咸水粿蒸笼猛火蒸成；端午节有栀粿，系用中药材栀子与草药铺姜煅制浸渍滤出的浸液和糯米浆制成；中元节有碗糕粿（即笑粿）；中秋节，有老妈宫粽球，形似粽子而制法大异，它是要先把浸好的糯米下锅，用猪油加适量上等鱼露，炒至米粒晶莹透亮，油香润滑，和以甜、咸双拼料馅，再用竹叶、咸草包裹，扎成六角球形煮熟；端午另一应节小食猪头粽更是与众不同：必须选用新鲜猪后腿肉及部分首皮作原料，调以鱼露、酱油、白糖、高粱酒和八角、川椒、丁香、桂皮、大茴、小茴等十多种香料作调味品，用豆腐膜包裹起来，置于一个特制的木规之中，压挤出其中的猪油和水分，香远幽发，余味无穷。这“时节做时粿”的丰富多彩，还有一个“时令防时病”的因素在里边。像鼠曲粿可御春寒咳嗽，红曲粿可消食健脾，菜头粿可去邪热气，麦粿可利便养肝，栀粿可助消化、增食欲、祛疾病。特别要提到的是潮州笋粿，那绝对是不容易吃到的特别小吃，一是鲜笋入粿（饺），世所罕见；二是潮州的春（夏）笋五六月份才上市，更为罕见。

“粿”势之下，其他面类小吃点心等也纷纷姓米叫粿。比如“麦粿”，乃是用不去麸皮的总面调糊加糖烙成。又如草粿，主要以麦制雪粉为之，其实凉粉也。此外还有难以列举的厚合粿、菜钱粿、尖担粿、米豆粿、层糕粿、油粿、粿条卷、龟粿、钱仔粿、芋头粿、小米粿、墨斗卵（乌鱼蛋）粿等，无虑百十种；没有哪个地方有这么多种，也没有哪个“鱼米之乡”有这么多种，而且种种精美；粿之外，各种面点、包点，亦复不少，同样精美。从平凡中创造新奇，最足见出潮州人对于饮食之道的不懈追求和饮食境界的不断创造，这才是潮汕饮食引领潮流的根基。

2. 鱼味潮汕

潮汕平原，鱼米之乡。其实在说米（粿）时，我们已经说到了鱼：许多粿的馅料或有鱼，或用鱼露。再如别处的烧卖，潮州宵米，其米乃虾米等“米”也。又如驰名的砂锅粥，则非有鱼、虾、螃蟹等不可。有些小吃，字面上有米或面，其实纯鱼鲜。比如鱼饺，名虽有饺，无关传统饺子的面或者潮州饺子的粿，徒有饺子的形而已；它的饺子皮系用海鳗肉打制而成，只用了一点薯粉起凝固剂的作用。最绝的是鱼饭，完全是以鱼为饭，外人是殊难想象的。鱼饭这东西原本是船家为了及时保存海上的渔获而因地制宜想出来的烹饪之法，原材料为巴浪鱼和“那哥鱼”（广州人称“狗棍鱼”）等经济价值不高的鱼；好的鱼是舍不得当饭吃的，当然现今的高档潮州菜馆，也有用苏眉、东星斑等上等好鱼来制作鱼饭的。鱼虽普通，制作也似乎简单，不过把新鲜出水的鱼清洗干净，装筐煮熟晾冷即是，但细微的讲究还是有的，比如鱼要鲜，装鱼的筐要新，关键是煮鱼的盐水乃是带配方的高浓度盐水，这样煮出来的鱼饭，便透出一股甘甜，一股竹的清香，几可以表征潮汕的海鲜美食。

鱼饭鱼饭，现在的鱼饭人们当然不会用来当饭吃，但在过去确是当饭吃的，尤其是“以舟楫为家，采海物为生”“不粒食”的疍民；南宋大诗人杨万里为官潮州时，有《疍户》诗云：“天公分付水生涯，从小教他踏浪花。煮蟹当粮那识米，缉蕉为布不须纱。”潮州工夫茶非遗传人叶汉钟先生也认同此说，并认为工夫茶之兴，就有解鱼饭之滞腻的因素。

鱼饭而外，腌膏蟹、腌血蚶、腌蟟蛁（小刀蛏）、腌虾、腌小扁蟹、腌虾姑（螳螂虾）、腌三眼蠘（红星梭子蟹）和金不换炒薄壳、咸薄壳、咸虾姑等，也远比那些高大上的品种更具地域特色，因而更具代表性；一些带冰分切的腌制品还被誉为“海鲜冰淇淋”；食俗也有将薄壳米、红肉米和冻红蟹、冻小龙虾等贝壳虾蟹归巴浪鱼饭为鱼饭的。

鱼饭

在鱼饭不当饭吃的时代，有时反而更显得当饭吃。比如在一些大点的打冷档（又称“夜糜档”，类似广州的宵夜档），鱼饭常常多达二十几个品种，像伍笋（马友）、白鲳、黄立（黄鳍鲷）等高档鱼类也常被做成鱼饭，价钱却很低廉；如此物美价廉，这个尝尝，那个试试，吃到饱还不知道，岂非鱼饭胜饭了？

潮汕鱼味，出在其因鱼制味。比如石斑鱼清蒸与他处同，以酸梅汤煮则唯潮汕，石干鱼以菜脯条焖也是独具特色；龙舌清蒸或以豆酱煮，油带鱼则以青蒜、辣椒煮，也都是潮汕做法；小鱿鱼（尔仔）潮汕多白焯，他处有“美极”的做法；鲳鱼他处可清蒸可煎焖，但绝不会像潮汕用黄瓜煮；其他如贡菜焖马友（伍笋），咸菜或菜脯煮三黎（斑鱼祭），咸菜或菜脯煮鳗鲶（沙毛），梅子蒸鳗堤（裸胸鳝）或煮汤，芹菜、辣椒煮河豚（青乖），青蒜带汤煮红目连，半煎半煮乌尖（棱鲻），粉丝肉臊煮佃鱼（龙头鱼）汤等等，纵览中国沿海，再没有如此多种多样，异彩纷呈的了。

广东潮汕一带，不仅海鱼多而美，成为潮汕特色，其鱼生也很鲜美，丝毫不逊于广府，只是较少引起关注而已。比如嘉庆《澄海县志》说：“澄地多鱼，人善为脍，披云镂雪，洁白可爱，杂用醋齑等物食之，谓之鱼生……其余如蚝生、虾生，大率仿此。”1934年出版的《汕头指南》记录的汕头市区“鱼生糜饭业”竟有20家。

3. 菜味潮汕

从来没有一个地区会像潮汕一样，把一样大米做出百十种粿糕来；也从来没有一个地区会像潮州一样，把普通的海鱼做出丰富而精美的鱼饭来；然而，还不仅如此，也从来没有一个地区会像潮州一样，把配席的蔬果做出极品的菜式来：这才是一个小小的潮汕能顶立一个菜系的最深厚的基础。

潮菜重蔬，首先是一种饮食文化的需要。比如潮汕喜宴必有两道甜菜，一道作头甜，一道押席尾，头道清甜，尾菜浓甜，寓意生活幸福，从头甜到尾，越过越甜蜜。甜菜品种多，而且用料特殊。红薯、芋头、南瓜、银杏、荸荠、莲子、柑橙、菠萝和豆类等蔬果素料固然常用，肥猪肉、五花肉等荤料也可制成上等名肴。以蔬果素料做的甜腻相宜，代表作品有金瓜芋泥、清甜莲子、羔烧白果、甜皱炒肉等。潮菜最重要的当然是海鲜，而其海鲜的烹制固求清淡，而这清淡，潮人称为“整甜”。这种“甜文化”的物质根源是“潮白”——潮汕土法白糖，又称潮州土糖。潮白与潮蓝（蓝印布料）、潮烟是清朝海禁开放以来潮州对外贸易的大宗，尤其是潮白，更是垄断国内市场达二百年以上。文化，通常是物质欲望的一种祈愿；甜，是潮州人的一种文化之根；饮食之中，主要由甜素菜担当。潮州人能把别处粗黑的土塘精制成白糖，也能把别处粗贱的素菜精制得清淡鲜美，营养丰富。因此，蔬菜在潮州菜里，地位从来不让荤腥。

因为潮菜重蔬，故有“潮州三件宝”之说：菜脯、咸菜与鱼露。先说菜脯。“菜脯一下，潮味就来。”潮汕味道，菜脯当先。菜脯其实就是萝卜干；萝卜干到处都有，潮州的特别好，尤其是腌制得好，像饶平的“高堂菜脯”，色如琥珀、肉厚酥脆，不仅卖到全国，还远销到东南亚、欧美和中东。次说咸菜。咸菜即大芥菜腌制品。大芥菜，在潮州地位尊显；从前，元宵之夕，女子到地里“坐大菜”，祈求“明日选个好夫婿”，可不得了。芥菜之被选择，因它在潮州味道里太重要；鳗鱼咸菜、咸菜蚝仔汤、咸菜车白汤等，咸菜的滋味，早已融化成为最有代表性的潮汕味道，“火腿芥菜煲”，更是高大上的味道。从来潮汕人外出，菜脯与咸菜总是最令人眷恋的故乡味道，也从来是潮汕出口产品的大宗；一些老菜脯啊，如三十、五十年的，一斤几十元，那是比肉贵多了；这样的老菜脯，送稀饭，清肠胃，美味又保健。

潮汕人还有一类咸菜，就是咸蚝等“充园蔬”的生腌海鲜。过去穷的时候，咸蚝与菜脯咸菜一样属于日常必需的“杂咸”，吃它们是为了“拌糜”，是为了最低限度满足口感对盐的生理需要。而生蚝一类，则属于生活的奢侈品，是为了享受而吃的“吃巧”，而不是为了生存而吃的“吃饱”。从这个角度出发，美食，还可以理解为由于某种原因而不能经常吃到的家常菜肴。这些原因有时是经济的，有时则是技术（烹饪技艺）的，还有可能是文化的。

潮汕的咸菜、菜脯等，常见的有贡菜、橄榄菜、冬菜、乌橄榄、豆酱姜、咸水梅、咸蛋、荞头、盐水蒜肉、腌制虾姑、腌制蚬、腌制蟹、腌制蟛蜞、饶子脯、芥蓝茎、腌杨桃、咸巴浪鱼、花仙、腌黄瓜等，主要是配潮州白粥（潮州糜）用的，多达100多种，也是他处所无法想象的；汕头有一家知名大酒店，就将杂咸作为招徕之一，摆出一百种精制靓装的杂咸，名曰“百鸟朝凤”。

“好鱼马鲛鲳，好菜芥蓝薳，好戏苏六娘”，芥蓝菜的稚嫩花茎，与马鲛鱼、鲳鱼这类优质好鱼和传统潮剧中最优秀的剧目《苏六娘》，是可以相提并论的；沙酱芥蓝炒牛肉，或者清炒芥蓝，是潮菜的经典出品。广东的地域性青菜能风靡全省的，除潮州芥蓝外，则为水东（电白）芥菜和增城迟菜心。毛罗勒，俗称九层塔，号称“金不换”，是潮州人最宝重的调味香草。有了“金不换”，他处用来喂鸭的烂贱的薄壳，便被炒成了潮州名菜。

“刺仔花，白披披/阿妹送饭到田边/保贺阿兄年冬好/金钗重重打一支/刺仔花，白抛抛/阿妹送饭到田中/保贺阿兄年冬好/金钗重重打一双。”这首具有《诗经》风味的潮州歌谣《刺仔花》所歌唱的苦刺心，过往一直是潮州人的至爱。民初胡朴安的《中华全国风俗志》也有记载：“苦菜一名苦刺，系野草之一种，丛生茂盛。清明时妇女儿童持小竿竹篮，随打随拾，归来洗洁，与豆芽同煮。俗传食之可以清血解毒。”只不过在环保养生的今天更受人宝重，或以之煎蛋，或清水煮之，皆极受欢迎；因系野生，颇不易得。

益母草，谁都知道可制妇科良药，潮汕人却把它变成席上珍，“焯碗益母草”或“焯碗真珠花菜”，点菜时，总是免不了。有一原籍杭州的美国华人画家眉毛（王介眉），酷好潮州菜，曾经一月之内两抵汕头，声称一定要去吃益母草，因为“这个月两次了”，语带双关，十分诙谐地凸显了益母草的味道。最奇的是麻叶，这种中国最古老最广大的男耕女织的作物的叶子，却被潮汕人变成一种顶级潮菜馆也少不了的菜肴。

当然，顶级的莫过于护国菜。如今的护国菜主要是用番薯叶做的，据说已有700多年的历史。相传南宋最后一个皇帝赵昺兵败南逃到潮州，仓皇之中，饮食无着，土人将新鲜采来的野菜叶子制成汤羹献上，

护国菜

小皇帝饥不择食，吃后连连称好，并言："大宋危难，这小小番薯叶，也能助朕，就将它封为'护国菜'吧！"这种菜羹，或许早已有之，但继此之后，随俗喜好，乡民愈加用心，做得越来越精细入味，延及苋菜、菠菜、通菜、厚合菜（广州叫君荙菜），皆可入馔，成为潮菜筵席首选汤羹之一，也成为潮菜粗菜精制的典型和象征。如今通常的做法是，切取鲜嫩番薯叶的前三分之一，以确保其嫩；去掉其中的粗脉络纤维后，用刀细细切碎，并用碱水浸泡压干，再用浓缩鸡上汤煨制，辅以北菇、火腿蓉。如此色泽碧绿如翡翠，煞是好看，喝起来也清香爽滑，又营养丰富。有的还做出各种形状来，如在碗面调成绿白两色之太极图形，堪称潮菜之极品。

最具特色的潮汕菜，连《舌尖上的中国》都热捧的，就是海产的紫菜；广东市场所售者，大抵出自潮汕。在广州，我们多是用来焯个汤，或者做寿司，但在潮汕，还可炒可煮可烤，是很美味的家常菜；可以炒芹菜，可以焯珍珠蚝，可以炒蛋或做蛋卷，可以直接烤来吃，如果用来焗饭，那比寿司更好吃。

4. 夜味潮汕

广东人的夜生活是出了名的，广东的宵夜，也是"冒健康之大不韪"而长盛不衰；民国时期，在上海，如前面所述，是"宵夜表征了食在广州"。新时期以来，潮汕菜馆大举进入广深等地，人们宵夜也变得相对丰富和高大上；往常的宵夜，炒两碟河粉、油菜，来两瓶啤酒，大抵如此，可潮汕的店里，有海鲜砂锅粥，有炒薄壳等海鲜，有各种卤水，当然也会有一些粿糕等等。但是，如果你回到潮州、汕头，广州的宵夜就弱爆了；在一些大的夜糜店，几条长桌一字摆开，所有"打冷"陈列其上，那个品种之多啊，可谓琳琅满目，目不暇接，单是鱼饭一箩箩就有红目连、伍笋、迪仔、鲳鱼、红鱼、鹦歌鱼、赤鲫、那哥等十几种；隆江猪脚、卤猪大肠、肥鹅肝、卤五花肉等卤味一大堆；传统的青蒜焖乌鱼、酸菜鲫鱼、香煎马鲛鱼，新鲜的小黄鱼、大斗鲳、活血鳗以

潮汕夜市大排档

及虾蟹现炒应席；猪肉酿苦瓜、炸排骨等肉食点缀其间，青菜、杂咸更不用说了。

现在的潮汕夜糜档，已不再是“打冷”独撑场面，而是与传统的海鲜大排档融为一体，提供比“打冷”更丰富的小炒。比如小黄鱼、大斗鲳、石角鱼、三黎鱼、活血鳗、蚓鳗、金钱花鱼、淡甲鱼等新鲜鱼类以及各种虾、蟹，都是寻常的供应，加上时令的蔬菜，耳目撩动着舌尖，物美而且价廉。

如此营养丰富的美食，再用黏软品种米煮成的“水米融洽，柔腻如一”的潮州白粥——“糜”相送或送“糜”，“粥后一觉，妙不可言也”。在这绚烂的夜糜档上，一些普通的食材也变得高大上起来。比如红蟹，有个冷笑话很能说明问题：“熊是怎么死的？笨死的；红蟹是怎么贵起来的？冻贵的。”红蟹因为肉质松，含水多，吃起来没有什么肉，可谓“鸡肋”，但冻过以后，却变得肉质鲜美，身价便腾贵了。

（四）靠山吃山与客家菜的精魂

广州是省会，广东各地区各族群的菜系，在既往交通不便的时代，往往通过广州来展示，或者融入以广州或广府菜为代表的粤菜之中，如此粤菜方为粤菜；其中，客家菜（或曰东江菜）尤为典型。

1. 助成国菜风范

广州人以前有一句俗话："客家占地主。"即是说客家既为客，遂随处客居，以至反客为主；于饮食之道，倒可输出与吸收并举，予粤菜以长期的相互影响。

比如说，现在作为"食在广州"较具代表性之一的沙河粉，就是客家人所创。劳赛班老先生说，一百多年前，一些以打石为业的东江客家人从五华县到广州沙河定居。这些人家家都有石磨，用石磨将大米水磨成浆，以白云山泉蒸出的山水河粉又薄又韧又爽又滑。后来自食之余，更开店外销，由于价廉物美，人人爱吃，生意越做越旺，渐渐成为名点。再如国宴主厨顺德肖良初的代表作"八珍盐焗鸡"，也是建基于客

客家盐焗鸡

家传统名菜“东江盐焗鸡”之上。其实，从民国名媛吴慧贞推荐的多款盐焗鸡谱中，也依稀见出客家菜早期的影响，同时又有广府菜的特色和新意：盐焗一味可以补身代药，鸡香肉嫩，绝无油腻，保全原质，不失原味。烹法：先取肥姑鸡扯净，用布抹干里外，再以玫瑰露酒擦匀吊干后，用石湾出产的瓦制砂煲（即薄瓦煲），以海田产之生盐薄敷煲内，将鸡原只放入，再加生盐以盖过鸡面为度，随把煲盖盖上封密，放炉上以慢火烧约五十分钟，即可取食，半酥软滑，皮肉皆香。不过烹制时有二点极需注意，就是鸡身宜干，一有水分，其味即苦；火要慢而匀，才不致有鸡未熟而瓦煲先爆裂之虞。也有以蜜糖、香料之类擦鸡肚内，虽增香味，但嫌杂浊，不及味清为美。

广东还有一种很特别的客家鸡肴，外人是很难学的，就是客家的娘酒鸡，是用天然红色的糯米甜酒煮的，漂亮得很；酒香肉嫩，味道极好；而且深具滋补功效，因为原本主要是做给坐月子的妇女吃的。除著名的盐焗鸡和娘酒鸡之外，还有扣鸡、扒鸡、熏鸡、烤鸡、卤鸡、炸鸡等，丰富了广东鸡肴。

有学者认为客家的扁米酥鸡以及玫瑰酒焗双鸽，更得久远的中原传统之遗。扁米鸡乃是将扁米填进宰净的鸡腔内，先蒸后炸而成，色泽金黄，外酥内嫩，香味浓烈。扁米其实就是将糯米蒸熟成饭，盛在箩里，上盖湿布，置通风处晾干，饭粒乃变得扁小，故名扁米，但因此而具有正气开胃的功用，宜其扁米酥鸡成为传统东江名菜。至于玫瑰酒焗双鸽，其法是将双鸽宰净抹干，覆摊于瓦钵内，鸽下横放竹筷两根，使鸽身与钵底留有一点距离，以畅热力；取玫瑰酒一杯置于两鸽之间，然后整体放入铁锅，加瓦盆作盖，取中火烧锅。鸽熟时杯中还存清酒半杯，但是酒味已荡然无存，而鸽肉则酒香扑鼻。通常认为客家民系源自中原，保守宗风，菜系亦然；有谓扁米之制，即可见于《南齐书·虞宗传》，或属可信。（张秀松《广东客家菜》序，广东科技出版社1995年版）

又如客家的梅菜，系粤菜中应用甚广的辅料之一，民国吴慧贞在上海《家》杂志开专栏介绍《粤菜烹调法》，屡屡言及。当年在广州忠佑大街著名的东江饭店，许多海外游子归来，不问鲍参翅肚，指名要梅菜扣肉，为的就是勾起一些少时的回忆。客家人深厚的家乡观念，使得在以清淡为主的粤菜中心区域，口味较重的客家菜仍能占一席之地，历久而不衰，今人周简章的著作《老滋味》还说，梅菜是上了国宴的大雅出品。

“客家占地主”的另一标志性事件是广州东江饭店的命名。东江饭店始创于1946年，最初叫云来阁，后又曾更名为宁昌馆，1972年才经批准更名为“东江饭店”，在当时是以菜系地域表征作为店名的唯一一例。因其传统的东江风味备受青睐，盛极一时；独创的“东江盐焗鸡”更是趋之者众，风头一时无两。它的菜式特点是以家禽三鸟为主料，主料突出，烹调朴实大方，味道浓郁。它有十大名菜，除东江盐焗鸡外还有东江香酥鸡、红烧海参、爽口牛丸、红糟泡双肱、七彩杂锦煲、八宝酿豆腐、东江卷、梅菜扣肉、东江大圆蹄、咸菜肚片等。它的“八宝酿豆腐”可谓现在驰名广州的客家酿豆腐的极品，乃是选用猪上肉、鱿鱼、虾米、冬菇、咸鱼肉、大地鱼肉和葱米拌成肉馅，酿入豆腐之中，用中火煎成金黄色，放进垫有“菜胆”的瓦罉内，加上味料和上汤，慢火滚熟后上席。这道菜鲜香嫩滑，滋味浓郁。

客家菜不仅影响广府菜，也影响潮州菜，比如著名的潮州牛肉丸，就源起客家，有人认为系抗战时期从梅县、兴宁传过去，但只做小吃，当不了大台面，不像东江菜的清汤牛肉丸可充筵席上菜。当然客家菜也充分借鉴潮州菜，最奇绝当属从潮州工夫茶借得灵光，创制出绝味的工夫汤。工夫汤不用炖盅、砂锅，而是用茶壶。把灵芝、枸杞、当归等中草药和农家鸡、瘦肉等食材一起放进茶壶，上炉慢蒸几个小时，蒸得清纯似茶；喝汤自然也不用汤碗，而是小茶杯，如饮工夫茶，滋味醇厚，齿颊留香。在饮工夫茶的潮汕席上，倒是基本不喝老火汤，多是即煮的牛肉丸、鱼丸汤或者滚个豆腐鱼汤。客家人的五指毛桃汤，也是独沽一味的。

最令客家饮食扬眉吐气的，或许当属梅州大埔人张弼士1892年在烟台创办的张裕葡萄酿酒公司。粤人两大魁首，武如孙中山、文如康有为，莫不顶礼志庆：1912年，孙中山先生为题“品重醴泉”，以示嘉勉；康有为则亲往参观下榻，并赠一绝：“浅饮张裕葡萄酒，移植丰台芍药花。更复法华写新句，欣于所遇即为家。”百年老店，青春依然，能不骄傲？！

2. 点心有如主菜

客家人的另一个本领，是把主食和着一些青菜或野菜之类的山野土特产，做成筵席般的点心，使客家菜系大大生色。这就是粄。比如平远的黄粄，系用糯籼混合米在上等的草木灰包滤出的水中浸泡数小时后，加工成米浆，用文火煮成柔软而又富有韧性的粄团，取出置于铜盆中蒸熟，然后放入臼中舂糍，就成了金黄香嫩的黄粄；其黄色源于草木灰中的杨梅叶汁。再如味酵粄，老少咸宜，叶帅八十还乡，都未曾忘怀，特地要求品尝。味酵粄的制作更为简便，用粳米磨浆，配上“枧沙”蒸熟即可；或蘸用黄糖及少许酱油煮成的“红味”或点“蒜仁味”就食。还有大埔一带盛行老鼠粄，实则一种用搓板搓出的粉条，因为两头尖形似老鼠而得名，香港客家雅称为银针粉，台湾客家则称为米苔。又有一种“猪笼粄”，实即米制菜包，因外形似圈猪的竹笼而得名；原本只是上山耕作时随带果腹的白饭团，如今有条件讲究了，就包入各种馅料，成为美食。

又有一种人丁粄，以粘糯混合的米粉加水揉成长约15厘米的圆柱条，入笼猛火蒸透即可，多作为供品，以寓意家庭幸福、人丁兴旺，主要盛行于大埔农村。

又有一种两熟粄，先把大米加水磨成米浆，放入已经爆香的猪肉、香菇、鱿鱼、碎花生米和虾糠，加适量的盐，再倒进大锅里用旺火炒，炒时勤翻勤压，以防粘锅，待成糊后，用手挤成乒乓球大小的丸子，入水煮沸，加入葱花和芹菜花，用胡椒、味精等调味品拌匀即可。

又有一种萝卜粄，或叫菜包粿，同于广府地区的萝卜糕。

又有一种叶子粄，以搽了猪油的竹叶包裹揉进了豆沙的糯米粉，蒸熟后，兼竹叶的清香、糯香以及豆沙、熟油、砂糖等的香味，可谓五香俱备。

又有一种“仙人粄”，实似凉粉，有降温解暑之功。食时调入蜂蜜，洒上香蕉露，清甜爽口，沁人心脾。以河源紫金一带所制为佳。

今属潮汕的揭西客家，有一种鸟仔粄，因其形似小鸟而得名，以豆腐干、葱、蒜、虾米、猪精肉等杂以为馅，色香味俱全，可与潮州之粿媲美。仅在县城河婆镇主要街道就有50多家做这种粄，仅清河路、河西四路就集中10多家，堪称“鸟仔粄”一条街。如此繁荣，除本地人喜爱外，还有外销的需求。

又有一种九层粄，咸一层甜一层地夹杂着，味道很特别。

又有一种忆子粄，名甚特别，且历史悠久，不知里面有何故事；以肉片、鱿鱼丝配以葱、姜作馅，味道香美，老少皆宜，深受大众的喜爱与推崇。

绿豆粄的主要原料并非绿豆，绿豆只占一分，与四分红糖加一分橘饼、枣肉、龙眼肉、瓜片等作馅，三分糯米作粄皮，包置于蕉叶之上蒸熟，清甜香鲜，有“沙里淘金”之美誉。

客家粄

客家人遇办喜事会大做红粄，用粄脆包甜豆沙、花生粉、红豆馅，再用“粄印”印出龟甲的花纹，以求吉祥喜庆。

潮汕人有一道创意菜品——炒麻叶，客家人则有一道创意粄品——苎叶粄。苎叶粄是以鲜嫩苎叶和粳糯米加井水于石臼捣烂、黏合，形成青翠欲滴的粄团，将其捏成小块，可蒸可炸，清香甘润，别有风味，且能耐饥渴、长力气，除皮肤疾患，强身健骨，老少咸宜。

发粄是年节之粄，因为经过发酵，蒸后粄面会从碗里隆起来，有发财之谐兆；常会裂口，因此又叫“笑粄”。客家人过年，家家户户都会蒸发粄，更会蒸甜粄，有“不蒸甜粄不过年”一说；甜粄必须保留一部分到二月初二日，在初二日当天将甜粄切成小块，用油煎来吃，“谓之撑腰骨”，意味着吃完要挺起腰骨开春忙家活了。

又有笋粄，一称酿粄、包粄，以薯粉制皮，以肥猪肉及竹笋配虾米、鱿鱼丝、香菇、胡椒粉等为馅，类如潮州笋粿。

清明粄最有名，最悠久，也最富特色；清明时节，在广州的酒家里也很容易吃得到。以半粳半糯之粉，和以鲜嫩的艾叶、苎叶、白头翁、鱼腥草、鸡屎藤和使君子等，充分捣匀成青色粄团，再于案板上使劲反复搓韧，分掰蒸熟即成，既有春天的芳香气息，又有祛风除湿等保健功效，故又称为药粄。

又有一种灰水粄，系用稻秆灰或黄豆苗灰等滤水浸米磨浆，然后蒸熟即可，多见于平远等地。

还有一种线刀粄，制作中用的是稻秆灰包，但不是浸米，而是用来吸去磨好的粄浆的水分，使其成为嫩滑的浆团，然后薄摊于光滑的瓢背，以苎线为刀，将粄块匀切成一条条泥鳅般的粄条投于沸汤之中，不须调料，已是米香氤氲，口感滑嫩。线刀粄已近似广州的沙河粉，相传沙河粉由客家人发明，也可谓渊源有自。

这种种客家粄果，仿佛客家人及其手艺之精魂的闪耀，充满着灵性的光辉。山水有清音，山水有美食。这山水精华，就是客家菜的精魂。

（五）风靡两岸三地的客家菜

客家人来源于四方，也走向四方；客家菜亦复如是，曾经风靡两岸三地，至今仍遍及大街小巷。像台湾的“永和豆浆”，就是客家人的创造，近年来成为风靡海内外的都市美食；除卖豆浆外，配制烧饼、油条、饭团以及馅饼、葱油饼、芝麻酥饼、蛋饼、千层糕、小笼包等，创始人邱丰彩因此在两蒋时代十多次被邀为“总统府”制作外省特色小吃。不止台湾，大陆很多大城市以及美、加等华埠都有“永和豆浆”的身影，或许与他有些渊源。除客家小吃店之外，客家大饭店也风靡一时。单是陶芳菜馆，就有五六家分店，引得王云五、胡适等台湾政界大佬都为之“折腰”：“（1959年11月23日）云五先生邀我到沅陵街新陶芳菜馆去吃广东名菜（盐焗鸡，炒□光）。遇见主人曾雄（客家人），他说，他是曾做过“党、政、军、警，士、农、工、商”的，现在专做此菜馆生活，已开了六家分馆，用的都是退役军人，共有二百多人，其中已有三十二人结婚成家。用的人至少每月可得乙千多元。厨子也是退役军人，有拿五千元的月薪的。我们都贺他成功。”（《胡适日记全编》，安徽教育出版社2001年版，第八册，第611页）

新中国成立前，广州就有一家岭东大饭店，以盐焗鸡著称：“财厅前岭东大饭店，昨凌晨四时许发生巨窃案，查窃匪系由该饭店后座靠近汉民公园之高墙，开铁网而入，计窃去男女伴各色衣服数十件，杂物甚多，衣上现款损失达千万以上，而厨中尚余有“盐焗鸡”一个，亦被窃去。比天明，乃由店东梁其佑，前往分局及探队报案请缉。”（《鼠窃盐焗鸡：岭东大饭店凌晨被窃巨细无遗损失重大》，《星报》1947年9月3日）

在香港，由于1949年前后各路移民的涌入，客家菜也获得前所未有的发展。有研究者说，虽然客家菜作为一种菜式出现在香港的菜馆中，不过是20世纪40年代末50年代初才由内地移民发展出来，但同类型的饭店在六七十年代十分盛行，在70年代中期客家菜馆的数目已有87间之多。如齐昌、源茂、九记和永和等都是从兴宁来港的客家人开办而大受欢迎的客家菜馆。后来发展出琼园、梅江、东海、粤都、龙江、华都和新琼楼等菜馆，而以醉琼楼和泉章居最为港人所熟悉，现在仍然以“正宗东江菜”作宣传，其中的盐焗鸡、梅菜扣肉、酿豆腐、东江豆腐煲、骨髓三鲜、牛肉丸和炸大肠等也依然为香港人所熟识。跟以鲜鱼和蔬菜为主的家常相比，这种“正宗东江菜”强调大量的肉类和跟广东家庭不同的烹调技巧，特别是我们认识的（盐）焗、酿、（梅菜）扣和（红糟）酒炒等，为乐于享受着有别于日常广东菜的港人带来新的尝试和崭新的饮食消费体验。（张展鸿《香港客家菜馆与“正宗东江菜”》，载刘义章主编《香港客家》，广西师大出版社2007年版）

章泉居与醉琼楼也是著名作家叶灵凤常去的，尤其是吃盐焗鸡：“（1951年11月2日）下午应九龙高雄夫妇之约，在章泉居吃盐焗鸡，此系本港近来最流行之客家菜。”这章泉居，据张咏梅考证，1949年至1950年间已有章泉居总店和分店，开设于深水埗大埔道和北河街138号。其实从日记中看，他最先尝鲜客家菜的是在东江饭店，并称客家菜为香港甚为流行：“（1951年10月7日）晚间与苗秀在东江饭店晚餐。东江各客家菜近在本港甚流行。最普遍者为盐焗鸡、酿豆腐。盐焗鸡颇鲜嫩，类似江浙之桶子油鸡。但不用刀切，以手撕折，又似风鸡。”“（1951年10月16日）会后与曹聚仁等往东江饭店吃盐焗鸡及豆腐。”据张咏梅考证，这东江饭店当时有好几间，分别是位于德辅道西24号的江记东江菜馆、宁波街6号的总统东江菜馆等。由于客家菜越来越受欢迎，十几年后再上醉琼楼，仍然要排队等位：“1968年1月7日：六时自观塘渡海回香港，在醉琼楼晚饭。这是东江菜，生意极好，等了许久才有空位。”（卢玮銮笺、张咏梅注《叶灵凤日记》，香港三联书店2020年版）

客家菜的流行，也引起了美国著名的人类学家尤金·N. 安德森的关注：“客家人的食物简单、易做，而且配制充分。华南人对新鲜的强调比一般人突出。典型地是没有舶来的或昂贵的配料。客家人在烹调

客家酿豆腐

肚、肝、腰、小肠等方面是老手，因此他们的美味之一就是牛脊髓，把它剁碎后与蔬菜一起炒。它在中文里称做骨髓，并以这个字出现在菜单上。最受欢迎的客家菜则是盐焗鸡，它名副其实。盐在封住味道和汁液的同时，缓慢和均匀地传热。客家人也以牛肉丸子和鱼茸（这使鱼充分得到利用）而驰名。这种放有葱、姜等配料的鱼茸泥，往往用来塞入鲜豆腐或油豆腐之中，还可以用来塞入辣椒、茄子、苦瓜及其他蔬菜中。这些被塞入鱼茸泥的蔬菜通常被油炸，也可以炒或蒸。这些被塞上填料的食物并不单独属于客家人——它们在南方广泛流行——但客家人特别喜爱它们。”并称“客家人的餐馆如今正出现在美国和其他西方国家”，大有全球流行之势。（［美］尤金・N. 安德森《中国食物》，江苏人民出版社2003年版）

五、中餐西渐：唯粤为先

胡文辉先生说：近世以前，在形而上的观念领域，中国自西方输入者极多，输出者却极少，也就是说，在高端思想的交流上，中国是明显的“文化赤字”；幸好，在形而下的物质领域，中国的输出似多于输入——凭着丝绸、陶瓷、茶叶，我们才能弥补“文化赤字”，赢回一点天朝上国的面子。及至近世以降，西人倾海掀天而来，在文化交流上，自西徂东的大潮是压倒性的，中国成了绝对的输入国。在形而上领域，不必说是单向度的“拿来主义”，即便在形而下领域，丝绸、陶瓷、茶叶也不免黯然失色了。试问近一二百年间，中国够得上“走向世界”者，有什么呢？我略略思量，暂时只想到三样：中餐、熊猫、功夫片。而中餐和功夫片能在禹域之外灵根自植，首功是要记到广东人身上的。或不妨说，在海外，华人史的大半是广东人，中餐史的大半是粤菜。

伟大的革命先行者孙中山先生在其1919年撰述的《建国大纲·孙文学说》中，正以饮食之事作为其建国方略的开篇释证，可谓“调和鼎鼐”的现代诠释：“我中国近代文明进化，事事皆落人之后，惟饮食一道之进步，至今尚为文明各国所不及。中国所发明之食物，固大盛于欧美；而中国烹调法之精良，又非欧美所可并驾。”其议论所基，当然是粤菜了，故所举例证，也多属粤菜。如说粤人嗜食的动物脏腑，“英美人往时不之食也，而近年亦以美味视之矣”。又说：“吾往在粤垣，曾见有西人鄙视中国人食猪血，以为粗恶野蛮者。而今经医学卫生家所研

猪红汤

究而得者，则猪血涵铁质独多，为补身之无上品。凡病后、产后及一切血薄症之人，往时多以化炼之铁剂治之者，今皆用猪血以治之矣。盖猪血所涵之铁，为有机体之铁，较之无机体之炼化铁剂，尤为适宜于人之身体。故猪血之为食品，有病之人食之固可以补身，而无病之人食之亦可以益体。”

如此，粤菜西渐的历史，不仅是中华饮食史光辉的一页，更加是中华文化史的光辉篇章。

（一）粤仆、华工与杂碎之兴

由于政策原因，早期广州洋行夷馆的厨师均是雇佣粤仆，这些粤仆厨师，由于西菜做得好，还被介绍到国外去：“我已经把以下由你以前的买办介绍的4个中国人送到Sachem号上去了。他们分别是：Aluck厨师，据说是第一流的。每月10元。预付了一些工资给你的买办为他添置行装。从1835年1月25日算起，一年的薪水是120元。”另有一个叫Robert Bennet Forbes也将一个英文名叫Ashew的华仆带到波士顿，为他妻子的表亲Copley Greene服务。因此，早期欧美人在其本土，虽见到了中国人，却没有吃到中国菜。这在后来大肆鼓吹靠菜刀实现“中国梦”者看来，真是“痛心疾首的遗憾”！

而由仆人引导的中西饮食文化交流，仍在继续，只是未确其为中餐抑为西餐，但至少是既能中餐亦能西餐。其中最著名者，第一当为1901年附捐毕生积蓄一万二千美金创建美国著名大学第一个汉学系——哥伦比亚大学东亚系——的广东台山“猪仔”丁龙；他的雇主卡彭梯尔，在其感动之下，捐献了十万美金巨款！第二当为自1871年至1953年一直服务于西海岸历史最悠久的女子学院奥克兰米尔斯学院的广东籍厨师。（蒋彝《旧金山华人纪事》，中外关系史学会·复旦大学历史系编《中外关系史译丛》（第四辑），上海译文出版社1988年版）其实，这些史实，也在一定程度上会改写中国西餐的历史。

真正开启中餐西渐的，是华工，尤其是那些以台山籍为主的到旧金山淘金的华工。我们知道，早期赴美的中国人，除了被卖猪仔做苦力之外，主要靠菜刀（开餐馆）、剃刀、剪刀（裁剪缝洗）三把刀为生，尤其是“菜刀”更为重要，因为不仅供应美国人，自己也要吃。但早期唐人街的中餐馆，并不叫杂碎馆，据梁启超1903年访美后作的《新大陆游记》说，杂碎馆是李鸿章1896年访美之后才有的。之所以如此，一是因为中国菜本来就好，但“前此西人足迹不履唐人埠”，故知者甚少。二是美国人有英雄崇拜情结，而李鸿章确属时代英豪，无论海内海外的影响均甚巨大正面，绝不似后来宣传的那般不堪，所以，其访美便掀起了一股“李鸿章旋风”；他去了一趟唐人街，美国人便纷去如鲫，借此窥探这位英雄的故乡。

梁启超还说，李鸿章在美国想吃中国菜，要唐人街的中餐馆提供了几次。美国人便打探到底提供了什么，华人讲不清，“统名之曰杂碎”。从此以后，杂碎之名大噪，举国嗜此若狂。“凡杂碎馆之食单，莫不大书‘李鸿章杂碎’‘李鸿章面’‘李鸿章饭’等名”。

在这种需求刺激之下，杂碎馆便蓬勃地开起来，仅纽约就有杂碎馆三四百家。美东的波士顿、华盛顿、芝加哥等也兴起大量的杂碎馆。对此，梁启超十分感慨地说：“李鸿章功德之在粤民者，当惟此为最矣。”因为美国华侨几乎全是广东人，开餐馆又是华侨的主业之一；他后来亲撰《李鸿章传》，与此或不无关系；今人徐刚撰《梁启超传》，也念兹在兹。

大约受梁启超的影响，康有为1904年漫游欧洲，在后来成书的《欧洲十一国游记二种》说：“中国饮馔之店，已大行于美国芝加高。三年之间，骤开二百余肆，美人争嗜之。”但是，这两位近代史上的广东的大人物，激情雄肆开风气有余，严谨治学写文章稍不足，讲得越来越不靠谱；其实他们自己细细一想，也觉得不对劲。所以梁启超说：“西人性质有大奇不可解者，如嗜杂碎其一端也。”能与此比肩的，则是“嗜用华医”了。他说：“西人有喜用华医者，故业此常足以致富。

有所谓‘王老吉凉茶’者，在广东每帖铜钱二文，售诸西人，或五元十元美金不等云，他可类推。然业此之人，其不解医者十八九，解者往往反不能行其业云。”所以，他就陷于自相矛盾了：前面说过杂碎风行，是因为中国菜本来就好，后面又说：“然其所谓杂碎者烹饪殊劣，中国人从无就食者。”

最关键的是，李鸿章是从来没有尝过杂碎。而且最初的中国菜，主要做给中国人吃，是相当地道的，并不像梁启超所说的“烹饪殊劣”——后来的杂碎，确有点这个味道。据出身华侨世家，并在大陆待过二十年（1950—1970）的陈依范（父陈友仁曾为国民政府外交部长）的《美国华人史》说，华人最初赴美，多是务工男丁，不少还是“卖猪仔”过去的，难以单独开火做饭，饭堂般的中餐馆便应运而生。以旧金山为例，那是华人早期的落脚地，虽然开始人数并不多，1820年美国移民局有记录以来，10年间录得3名华人，再10年增加7名，到1850年的时候，也不过数百人，但在市中心朴次茅斯广场周围，就开

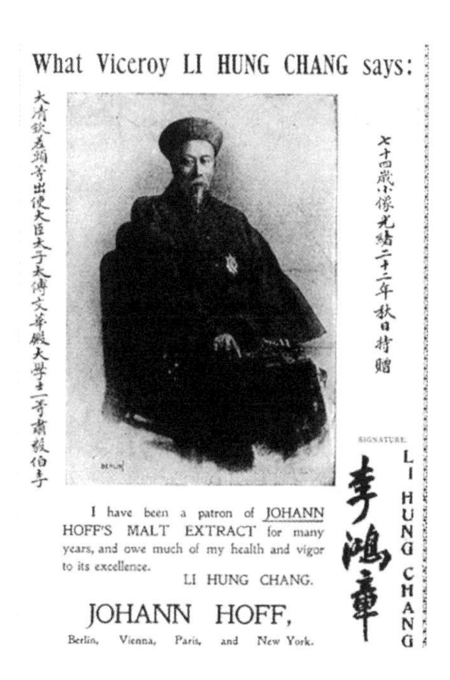

李鸿章访美报道

起了主要为华人服务的5家餐馆，因而被人称为“小广州”。这就是美国历史最长、规模最大的旧金山“唐人街”的雏形；这些餐馆，也就是杂碎馆的雏形。

华侨史的研究表明，这些早期的淘金工人基本上是台山人，我们差不多可推断这早期的“杂碎”也基本上属于台山菜；美国著名人类学家尤金·N. 安德森的《中国食物》就力证这一点：

> 杂碎（chop suey）并不是（如同很多希望成为鉴定家的人所相信的那样）美国的发明。正如李叔凡（音译）在其令人愉快的自传《香港的外科医生》（1964年）中所指出的那样，它是当地的台山菜肴。台山是广州南面的一个乡村地区，为早期从广东去加利福尼亚的大多数移民的故乡。这道菜名在广东话中是tsap seui（中国普通话是“杂碎”）。它基本上是将剩余食物或零星蔬菜放在一起炒，面条往往也包括在内。豆芽几乎千篇一律地出现，但这道菜肴的其他部分则根据手头现有原料来变化。（刘东译，江苏人民出版社2003年版，第175页）

这些早期的中餐馆，很快受到老外的欢迎。淘金矿工威廉·肖在他1851年出版的《金色的梦和醒来的现实》一书中写道：“旧金山最好的餐馆是中国人开的中国风味的餐馆，菜肴大都味道麻辣，有杂烩，有爆炒肉丁，小盘送上，极为可口，我甚至连这些菜是用什么做成的都顾不上问了。”但这些以黄绸的三角作为标记的中国餐馆，在旧金山这个以烹饪食品种类繁多、美味可口而闻名的城市里——这里有法国、意大利、西班牙和英美餐馆——之所以很早就享有盛名，却正是“因为那时餐馆还未试图去迎合西方人的口味”。又说：“时至今日，大多数华人家庭和最好的华人餐馆做出的饭菜和祖国的饭菜都是一样的。”又说：“中国餐馆一直兴盛不衰，这足以证明其饭菜的精美和旧金山人对它们的需要，因为人们仍然保留着‘下馆子’的习惯。这是早期开拓者和单身汉的传统之一，当时大多数男人没有一个真正的家。”

作为后来中餐馆代名词的“炒杂碎”这道菜，也是早已有之的地地道道的中国菜。1884年，最早的华裔记者王清福在《布鲁克林鹰报》上撰文介绍中国菜，夸张地说：“‘杂碎’或许称得上是中国的国菜。”其时他抵美不过六年，却颇让人尊信。1888年，他又在《环球杂志》第5期发表《纽约的中国人》说：“中国人最常吃的一道菜是炒杂碎，是用鸡肝、鸡肫、蘑菇、竹笋、猪肚、豆芽等混在一起，用香料炖成的菜。”刘海铭教授评论说，“chow chop suey”是粤语发音，因为早期中国移民大多数是广东人，而“chop”恰是英文单词“剁碎”的意思，故在美国人以及其他不明就里的人看来，“杂碎”或是将鸡肉或猪肉、牛肉切成精致的细块，烹制成菜——后来美国化了的杂碎正是如此。但又说中国人都喜欢吃杂碎则不尽然，广东人则对猪和鸡的杂碎情有独钟，迄今依然。配料中的竹笋一味，也是广东特色。“和之美者，越骆之菌”，据汉代高诱的注，这菌，就是竹笋；竹笋在粤菜调味中的重要地位和作用，笔者曾在《民国味道》一书有专文论述。

继梁启超之后，另一个伟大的广东人、长年行走海外的孙中山，间接地对杂碎致以崇高的敬意。孙中山对杂碎馆的介绍，重点在美国，而不止于美国。他说：“近年华侨所到之地，则中国饮食之风盛传。在美国纽约一城，中国菜馆多至数百家。凡美国城市，几无一无中国菜馆者。美人之嗜中国味者，举国若狂。遂至今土人之操同业者，大生妒忌，于是造出谣言，谓中国人所用之酱油涵有毒质，伤害卫生，致的他睐（底特律）市政厅有议禁止华人用酱油之事。后经医学卫生家严为考验，所得结果，即酱油不独不涵毒物，且多涵肉精，其质与牛肉汁无异，不独无碍乎卫生，且大有益于身体，于是禁令乃止。中国烹调之术不独遍传于美洲，而欧洲各国之大都会亦渐有中国菜馆矣。日本自维新以后，习尚多采西风，而独于烹调一道犹嗜中国之味，故东京中国菜馆亦林立焉。是知口之于味，人所同也。”孙中山不用“杂碎”一词，所说的中国菜，也为美国人所杯葛过，当然不同于所谓的“李鸿章杂

美國的中菜館

"Far East" Restaurant, Grant Avenue, San Francisco.

"Shanghai Low," San Francisco.

"Ding Ho" Restaurant, No. 196 Street, New York.

"Tai Dong" Restaurant, Chicago.

CHINESE RESTAURANTS IN U. S. A.

《美国的中菜馆》报道

碎”，更不同于所谓的“美国杂碎”。

孙中山的文章，成于民初，既是对民前杂碎馆的总结，也开启了民国书写的新篇。

（二）从李鸿章杂碎到美国杂碎

杂碎之兴，不仅是中国人的事，也不仅是在美国的中国人的事，也还是美国人的事。所以，美国人怎么看，也是一个“元芳体”的问题。李鸿章访美，正是这一问题的集矢之所在。像于迎秋、刘海铭等海外华人历史学者的研究表明，杂碎因李鸿章访美而备受关注，杂碎从此也渐渐地去内脏化而美国化了。但在大众层面，依然津津乐道于所谓的“李鸿章杂碎”。

关于“李鸿章杂碎”，有几个不同的版本。大抵在梁启超的基础上增删改窜，如说杂碎出于旧金山市长索地路的宴请，或芝加哥某侨商的盛宴招待，甚至还变换到了沙俄，有的越编越离谱，尤其是不学无术的当今耳食之人，更无足道哉了。我们主要考察当时当地的情形，方于事有裨。

证诸史实，李鸿章访美，先到纽约，后往华府、费城，再折返纽约，然后西行温哥华，取道横滨回国，既未去旧金山，也没去芝加哥，即便在纽约，也没有吃过杂碎。据《纽约时报》报道，虽然纽约华人商会曾于1896年9月1日在华埠设宴招待李鸿章，但李鸿章因当天手指被车门夹伤而作罢。所谓“合肥在美思中国饮食”说更无稽，因为李氏随身带了3个厨子，并有足量的茶叶、大米及烹调佐料，完全的饮食无虞。当然也有人据此编排说，李鸿章要回请美国客人，出现了食材不够的情形，于是罄其所有，拉拉杂杂地做了一道大菜，却意外受到欢迎，于是引出了“李鸿章杂碎”。可据刘海铭教授考证，当时《纽约时报》每天以一至两版的篇幅报道李氏言论活动，巨细无遗，却只字不及杂碎，显是华人好事者主要是中餐馆从业人员凭空编排。而其编排的动机在于，利用李鸿章访美大做文章，试图向美国公众推广中国餐馆。因为李鸿章作为当时清朝最重要的官员，在访美期间受到很高的礼遇和媒体的青睐，一批美国记者和外交官与他同船赴美，详细报道；对其饮食方面的报道，也从轮船上就开始了。如8月29日的《纽约时报》说，李鸿章自带的厨师，每天在船上为他准备七顿饭，饭菜中有鱼翅和燕窝。即使抵美后，也基本只吃自备食物。如9月5日的《纽约时报》报道说，李鸿章参加前国务卿J.W.福斯特的招待晚宴，“只饮用了少量香槟，吃了一丁点儿冰淇淋，根本就没碰什么别的食物”。其自备的食物，报道过的一次是“切成小块的炖鸡、一碗米饭和一碗蔬菜汤”；这一次也就成了“华道夫·阿尔斯多亚酒店历史上第一次由中国厨子用中国的锅盆器具，准备中国菜。他们烹制的菜比这位赫赫有名的中堂本人引起更多的好奇和注意”；正是这种“好奇和注意”，使“杂碎”成为传奇；大多数唯中餐馆是务的华人，更加着意好奇地寻觅和创造商机。

遥远的东方来了一个李鸿章，锦衣玉食的他当然不屑于一尝杂碎的杂烩味，但无疑为草根的杂碎做了极佳的代言，使其一夜之间高大上起来，如Frank Leslie's Illustrated画报所言："尝过'杂碎'魔幻味道的美国人，会立即忘掉华人的是非；突然之间，一种不可抗拒的诱惑猛然高升，摧垮他的意志，磁铁般将他的步伐吸引到勿街（Mott Street，纽约唐人街的一条街）。"受媒体关于李鸿章访美报道的蛊惑，成千上万的纽约人涌向唐人街，一尝炒杂碎，连纽约市长威廉·斯特朗也于1896年8月26日探访了唐人街。到了这个份上，说李吃过李就吃过，没有吃过也吃过了。华人们开始编故事，美国人也就信以为真，莫名其妙地迷恋起杂碎来。需求刺激发展和提高，在两年之后的1898年，记者路易斯·贝克出版的《纽约的唐人街》一书，杂碎馆的形象已变得高大上起来。至少有七家高级餐馆，坐落在"装饰得璀璨明亮的建筑"的高层，"餐厅打扫得极为干净，厨房里也不大常见灰尘"。为了迎合美国人的需要，1903年，纽约一个取了美国名字的中国人查理·波士顿，把自己唐人街的杂碎馆迁到第三大道，赢得生意火爆，引起纷纷效仿，"几个月之内，在第45大街和14大街，从百老汇至第八大道之间出现了一百多家杂碎馆，相当一部分坐落于坦达洛因"。这些唐人街之外的杂碎馆，大多是"七彩的灯笼照耀着，用丝、竹制品装饰，从东方人的角度看非常奢华"，以与其他美国高级餐馆竞争，并自称"吸引了全城最高级的顾客群"；一家位于长岛的杂碎馆还被《纽约时报》称为"休闲胜地"。可以说，"从全市中餐馆的暴增来看，这座城市已经为'杂碎'而疯狂"。这就是梁启超访美时所见的杂碎馆繁盛景象。

但是，就在杂碎馆走出唐人街变得美国化的同时，杂碎也早已开始美国化了。前揭贝克在他的书中说，炒杂碎是由"猪肉块、芹菜、洋葱、豆芽等混炒在一起"，芹菜、洋葱和豆芽已取代了动物内脏，成为主要配料，完全不同于中国的原始做法。1901年11月3日，《纽约时报》邀请到曾任美国驻中国厦门副领事的费尔斯为其撰写了一篇如何炒杂碎的文章*How to Make Chop Suey*，“以便任何一个聪明的家庭主妇都能在家中制作炒杂碎”。费氏所待的厦门位于福建南部，与广东的潮州属于同一个饮食文化圈，认为找对了人，但其介绍的菜谱，无论从配料——一磅鲜嫩干净的猪肉，切成小碎块，半盎司绿根姜和两根芹菜，还是从烹饪手法——用平底锅在大火上煎炸这些配菜，加入四餐匙橄榄油，一餐匙盐、黑椒、红椒和一些葱末提味，快出锅时，加入一小罐蘑菇、半杯豆芽或法国青豌豆或菜豆，或是切得很细的豆角或芦笋尖——均非传统杂碎的做法，甚至也不是当时唐人街中餐馆的做法；即便你舍去鸡内脏，酱油总不能少啊！在美国人看来，杂碎是否好吃，“取决于倒在炖锅中的蘑菇和神秘的黑色或褐色酱料（即酱油）”。杂碎如何炒，华人是不会让“鬼佬”知道的，“尽管常常受雇于美国家庭，且不断有人企图从华人那里套出炒杂碎是怎么做的，但中国厨师却似乎从来不将烧菜的秘方透露给他人。当美国人询问中国厨师有关书籍和杂志中的炒杂碎菜谱时，他们常常心照不宣地笑笑，不做任何回答。”

大厨难为无酱（油）之烹。民国名记徐钟珮为《中央日报》派驻伦敦时就发现酱油奇货可居：“记得我在那里（中餐馆）买过几次酱油，一瓶要一镑（即四美金）。”（徐钟珮《伦敦和我·中国菜馆》，《中央日报周刊》1948年第5期）杨绛回忆跟钱锺书留学牛津时，也是如此：“生姜、酱油都是中国特产，在牛津是奇货，而且酱油不鲜，又咸又苦。”（杨绛《杨绛文集》，人民文学出版社2004年版）在法国，酱油的故事更多更好。因为法国人对中国菜的喜爱和向往，所以在后来不少中餐馆开出来，中国酱油的销路也因此更俏；巴黎最负盛名的万花酒楼就干过倒卖酱油的事，而且是掺水倒卖：“万花酒楼还带着做点批发中国茶叶、磁器、牙筷、酱油的生意。酱油自广东用木桶封好运去，大约每桶百斤。到了巴黎参（掺）水六七十斤，盐四五斤，好在法国盐价低廉，每斤不过一佛朗，若像中国内地有时一两元大洋一斤（湘黔交界处闻盐价曾涨至九串几百一斤），则费本也不算少。参（掺）好之后再用小玻璃瓶装好，贴上红纸招条做成中国原庄货售卖。未到过中国的洋人，也不辨高下，通共买去，为的仰慕中国名气而已。”（鲁汉《我的留法勤工俭学生活的一段》，《革命》周刊1929年第77期）

酱油之外，豆芽也是杂碎中奇货可居的成分。在最不讲究吃的英国，豆芽更有地位，也更有故事。徐钟珮说：“在中国菜馆，最具中国风味的是豆芽菜，汤面、炒菜、春卷里全放豆芽，有时一碟炒面端来，甚至豆芽多于面条。”由此引发的故事更令人解颐：“一个侍者告诉我：‘有些洋人，假充中国通，装腔作势地要点竹笋，问他竹笋是什么样子也说不上来，逢到这种场合，我们常把豆芽端上去应景，洋人吃着，还直嚷好吃，好吃。’”（徐钟珮《伦敦和我·中国菜馆》，《中央日报周刊》1948年第5期）《一四七画报》1946年第6期有一篇佚名的《中国菜馆在伦敦》说，自称“伦敦最老的中国馆子”的探花楼，一

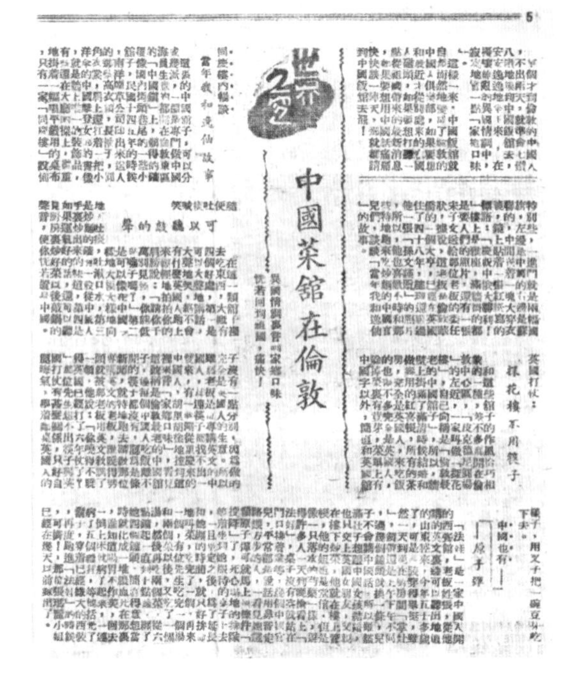
中國菜館在倫敦

《中国菜馆在伦敦》报道

度英国化到只剩豆芽可以证明它还是中国餐馆："所有的茶房，完全是英国人，来吃饭的也差不多完全是英国人，除掉菜里有豆芽，菜单上有中国字以外，简直和英国馆子没有一点分别。"法国中餐馆的豆芽更贵，一个全鸭一百二十法郎（合中币大洋十七元），一个全鸡一百五十法郎，但小碟小笋却要十二法郎，一小碟豆芽也要八法郎——"这样发洋财的生意，不是美国财主不敢光顾"。小笋和豆芽为什么这么贵呢？因为法国当时没有绿豆，所以这种"宝贝"为洋人所不经见，他们也同中国人吃西餐的好奇惊异一样，以为这是中国土产，从中国运去的；上中国馆子，不吃算是乡巴佬。而且吃相更"可观"：他们趴在桌上吃了看，看了又吃，毕竟不知道是用如何巧妙的方法制造出来，因为广东厨子故弄玄虚，将豆芽的根颠斩除，仅现一段芽秆，使洋人见了，如丈二和尚摸不着头脑。正如我们乡下人说，洋鬼子跑到中国吃包子，不知糖是如何放进去的，至今还猜不透。还有些好奇的洋奶奶，吃了我们大中华国的贵豆芽，犹恋恋不舍，向人打听了又打听，在中国是怎样制造法，如何从中国运来。巴黎最著名的中餐馆万花楼的豆芽不仅出名，而且算得上暴利，并兼而赚得批发绿豆的溢利——美国人在柏林开一饭店，亦以重金聘一中国豆芽技师，每月必派专员至巴黎万花楼批发绿豆者，此所谓"良有以也"。（鲁汉《我的留法勤工俭学生活的一段》，《革命》周刊1928年第76、77期）

这些老美，还常常把蘑菇看得更关键。比如当时一盘杂碎，外加一杯茶、一碗米饭，如果不加蘑菇的话只需要25美分，加蘑菇的话需要35至40美分，用贝克的话来说，蘑菇仿佛是抹在"火鸡上的草莓酱"。看来，杂碎在盛名之下，已与其原始形式和风味相去日远，慢慢变成了美国化的中国菜。所以，贝克又说："杂碎嗜好者宣称，要尝到真正美味的菜，仍然必须到唐人街拥挤的中餐馆中。"

必也正名乎！杂碎既已美国化，必然也带来名实之争。即便最正宗的得名，也已偏离广东人的杂碎之实了。美国著名华裔作家张纯如在其《华人在美国》一书所引述的淘金热时期的一个民间传说，流传最广也最有代表性。说的是一天晚上，一群喝得醉醺醺的美国矿工走进旧金山一家正准备打烊的中餐馆要吃的，这时候哪还有菜啊！无奈之下，厨师把几碟剩菜倒在一起，炒成一大盘，竟赢得了白人矿工的赞不绝口，后来名闻遐迩的炒杂碎于焉诞生。这种传说，使杂碎完成了去广东化，也完全与“李鸿章”无关了。更绝的是，旧金山有一位名叫莱姆·冼的人，竟然声称要申请炒杂碎的发明专利。巧的是，到20世纪80年代中期，再有好事者入禀秉旧金山法院，要求判明杂碎起源于加州而非纽约华埠时，审理法官知此为葫芦案，竟顺水来了个葫芦判：杂碎发明于旧金山。

杂碎美国化最大的证据，是其成为美国军队的日常菜。从1942年版的《美国军队烹饪食谱》，我们看到这美军杂碎所用调料系番茄酱和伍斯特郡辣酱油，据说最好这一口的是艾森豪威尔将军；据《纽约时报》1953年8月2日的报道说，当选总统后，他依然不时为家人预订他的最

旧金山唐人街

爱——鸡肉杂碎。在此时的美国人眼里，炒杂碎不再是中国菜，而是美国人的家常菜了。

杂碎的去广东化甚至去中国化，一方面使得杂碎馆成为中餐馆的代名词，几乎所有的中餐馆都以杂碎为名，如“杂碎屋”“杂碎碗”“杂碎咖啡小馆”“杂碎宫”“杂碎食庄”“杂碎面馆”，而且可以冠上广东以外的地名，如“上海杂碎馆”“北京杂碎馆”等，当然也可以冠以姓氏，如“王氏杂碎馆”“孙氏杂碎馆”等。另一方面杂碎馆的老板也可以有日裔和朝鲜裔。20世纪20年代，洛杉矶地区最大的中餐馆之一的皇冠杂碎馆，店主就是日本侨民；南加州以经营杂碎馆的日侨更多。美国饮食文化史家哈维·列文斯顿还指出了一个最有意思的现象，就是1925年一位中餐馆老板曾自豪地宣称，等退休后他要将炒杂碎的生意带回中国，简直是数典忘祖了！但是，如果我们置身其时代氛围，也无可厚非。因为当时的主流调子是中国没有炒杂碎。比如1924年3月25日《洛杉矶时报》一篇题为《中国有很多中国人的东西，但是在那里没有炒杂碎》的文章说：“中国人跟世界开了一个小小的玩笑，中国在美国的公民让炒杂碎家喻户晓，似乎这是一道典型的中国菜。其实并不是这样，这道菜在中国无人知晓。”

《洛杉矶时报》另一篇关于广州见闻的文章也说：“我尝过了几乎所有中国菜，就是没有见过炒杂碎。真实情况是中国似乎从未有过这样一道菜，但是它在美国却被当作正宗的中国菜来满足大众的需求。”在炒杂碎的故乡不是见不着炒杂碎，而是见不着美国杂碎而已；广东人一直在炒着给自己的传统杂碎，而在上海，却真可以见着炒给美国人吃的美国杂碎，“因为那里有美国人”。日本战败之后，美国人在上海独具势力，美国杂碎更是大行其道，也就出现了下面的独特景观：“西方人不难在一条主干道上发现一个霓虹灯牌，上面标明‘这里供应真正的美国炒杂碎’。”这是因为早在二战期间，便有美国大兵在陪都重庆到处找炒杂碎，精明的四川人便打出广告，说供应地道的旧金山式炒杂碎。如今胜利了，岂能不大开美国杂碎馆以资慰劳？其实不仅重庆和上海，据《纽约时报》报道，北京1928年间也曾开过一家美式杂碎馆，由于市场太小，不久关张，令美国人惊诧：中国人怎么会不喜欢炒杂碎！

（三）水手馆与杂碎馆：从英伦到欧途

粤菜西渐美国之功归于粤仆与华工，西渐英伦及途次，则当归功于中国水手，当然也是粤人。由于一口通商的关系，广东人很早就践土英伦。据中山大学程美宝教授考证，早在1769年8月，即有一位广州陶塑匠搭船去到英国，并受到热烈欢迎。稍后，又有一位名译Whang Tong的人曾在1775年到访伦敦，并与英国的文士和科学家会面，还极有可能见过当时的英国皇家学会主席班克斯。当然还有一些不知名的小人物也到过英国。再晚一点，1816年，冯亚生、冯亚学两个广东商人因其伯父任广东海关税收官，出于好奇而搭船赴英，后又赴德，登台表演二胡，受到普鲁士国王威廉一世接见，并入哈勒大学协助德国汉学创始人之一威廉·夏特研究汉语。当然，此前已有国人因宗教信仰之故被传教士携往欧洲，又当别论。

但是，把中餐带到英伦的则是那些受雇英轮的水手。由于往来中英的商船需趁季风而行，广东水手随船抵达英伦后，往往得在港口居停半年以上，有的甚至留而不返了。这些粤籍水手初到英国的情形，与初到美国差不多，绝大多数是单身，吃饭的问题不得不靠自己人开小饭馆来解决，故唐人街内的小饭馆，味道便一直相对正宗。伦敦唐人街或华人聚居的东区，是没有大的中餐馆的，反之，在相对高大上的西区之中餐馆，则仿佛美国版的豪华杂碎馆。至20世纪30年代，国人访英，所见仍是如此："中国饭馆在伦敦者有大者三四家，小者则须求之于唐人街。唐人街者，中国水手麇集之区也。其地污秽不堪，药店、杂货店，应有尽有。而饭馆之菜肴，则较饶中国味，因为此地之中国饭馆，始系真为中国人而设者也。"（余自明《英国留学生活之断片录》，《现代

学生》1933年第6期）

也许最初的小中餐馆，就像合伙做饭一般，不名于外，因此史家考证说，“第一家正式的中餐馆开设于1908年，位于东伦敦中国人的聚居区。随后几年又陆陆续续在同一地区开张了三五家，它们均面向中国船员为主，规模很小，而且十分简陋。到二三十年代时，在伦敦约有十数家此类低档次的中餐馆，其服务对象主要是当时在英国求学的中国留学生，以及少数属于英国社会下层的工人。”（李明欢《欧洲华侨华人史》）但这依然揭示了早期中餐馆的水手馆本质，而且显示出明显的延续性发展轨迹。邹韬奋1933年的访英观察也证实了这一点：

> 在十年前，旅英的华侨至少在一万人以上（听说在世界大战时达一万五千人），但是最近已减到三千人左右了。在英的华侨，大多数在轮船上做水手或火夫，这种苦工作，在经济繁荣时代的英国人多不愿干，所以肯吃苦的“支那人”要得到这样的机会并不难……旅英的华侨以伦敦及利物浦两地为最多。在利物浦的约有

漫画《中国菜馆在伦敦》

三百八十人，其中约一百八十人是水手和火夫，其余除少数小商人外（开杂货店），多业洗衣作。……在伦敦的约有四百五十余人，可算是在英华侨的大本营。其中有两百人是水手和火夫，失业者已达一百五十人；在中国菜馆（伦敦有四家）做厨子或侍者等有百人左右，在英国菜馆当厨子或侍者等，原也有百人，现在失业的也有四十人了；此外在东伦敦开小商店做中国人生意的约有五十人。

邹韬奋还说，伦敦的中国菜馆集中在东伦敦边上的“中国城”，而所谓“中国城”，不过有几条街里面中国人特别多些罢了。“记者到东伦敦去观光时，也到侨胞麇集的区域去看看，差不多都是广东人；最显著的是中国药材铺、中国杂货店，里面有种种中国的土货。”（邹韬奋《萍踪寄语·英国的华侨》，三联书店1987年版）这里边一方面仍显示着水手馆的痕迹，另一方面也进一步说明英国中餐馆的广东特质。

总而言之，到此际，无论豪华的中餐馆还是私家的中国厨师，中国菜或者说广东菜，在英国的地位已经牢牢地确立起来，渐渐进入豪华的大中餐馆时代了——水手馆则渐渐成为人们淡忘的陈迹。

不独英国，欧洲其他国家的远洋贸易港口也是如此；荷兰居欧中航线之中，自是早有粤籍水手涉足其地。法国启蒙运动大师伏尔泰（1694—1778）曾经写过一篇不怎么有名的文章，题目叫做《与阿姆斯特丹一名华人的一席谈》，借着与一名住在阿姆斯特丹的华人的谈话，发挥他对中国文化的看法，显见中国人抵荷之早。还曾有一位荷兰东印度公司的职员在1775年时将他的一位译名丹亚彩的仆人带到过鹿特丹。（陈国栋《东亚海域一千年：历史上的海洋中国与对外贸易》，山东画报出版社2006年版）

这些水手居留其间，因而也就早早有了风味甚佳的中餐馆。1916年2月11日，荷兰《大众商报》记者光顾了阿姆斯特丹内班达姆街的一家名为隆友的华人小餐馆之后说：“倘若中国人的美味佳肴传开之后，我们又该如何制定我们每日的食谱呢？”（李明欢《欧洲华侨华人史》，

中国华侨出版社2002年版）

这里虽没有明确说是否广东馆子，外国人既分不清也没有必要去区分，但大抵是广东馆子。中国社会党创始人江亢虎教授1922年到访荷兰另一个著名的港口城市洛特达模（Rotterdam，今译鹿特丹）时，但见“海港深阔，帆樯集中，中国水手往来甚盛，居留者平均恒七八百人，粤人约十之六七，多在非烟诺岛（Foyenoard）”。自然也发现“有杂碎馆，有食货店……杂碎馆最大者为惠馨楼”——老板郑某还借此发起华侨会馆呢！当然，杂碎馆绝不能仅靠本地水手华侨支撑，留学生常常是重要的顾客群体：“荷兰除中国水手外，尚有留学生六十余人。”（江亢虎《荷兰五日记》，《东方杂志》1922年第3期）渊源所自，这些留学生大抵是从南洋原荷兰殖民地来的华裔，家世通常比较好，有的还是由当地政府公派，生活相对优渥，对中餐馆可起到重要的支撑。如梅贻琦说：“荷兰除中国水手不计外，尚有留学生八十多人，都是由爪哇去的。有的父母很富，自费求学，有的由荷兰政府派送来荷，肄习各

里昂中法大學中國飯店

里昂中法大学中国饭店

种实科，将来须为荷政府效力。”（胡贻谷《欧游经验谈》，青年协会书报部1923年版）

1928年，广东籍名将李汉魂到访荷兰，也到访过几家中餐馆：“9月13日到华侨会馆（洛塘党部。按：洛塘今译鹿特丹），侨众开会欢迎，到者百人，作简单演讲，即同健民乘车返海牙，并顺入中山楼、袁华楼稍坐。袁子熹与芳（中山大学）同学，招待甚殷……本晚赴张国枢远东楼欢宴，并到渠家访候。”（康普华，李焕兴等编《李汉魂将军文集》，中国社会出版社2015年版）

著名作家王统照1934年到访荷兰时，所去的就唯有广东饭馆了，然后他评价说：“饭馆不大，然而设置得很清洁，自然也照例有几幅中国风的字画。经理原是广东的老商人，在这里曾做过十多年的买卖，如今收场了，却开张这所饮食店。”华人越少的地方，越使人觉得亲近；稍后在阿姆斯特丹中餐馆接受当地华侨吃请的一段经历，更令他感慨万分：“前天遇到的那位烟台先生，还与另一位山东先生作陪，连主人共五位吃了将近中国钱十几元的粤菜，使我颇难为情！他们凭了劳力赚来的钱平常连吃饭穿衣都不肯妄费，却这样招待远来的同乡。”王统照接着说，在阿姆斯特丹有华侨近四百人，有一半是常在外国船上做水手，多是浙江、山东、广东人。山东人多做行贩生意，有二十多家，每天背着包提着箱，去到各个城市与乡村兜揽买卖；广东人却不干这一行，通常只开餐馆、洗衣店等，足见开餐馆真乃广东人所擅长。（王统照《荷兰鸿爪》，《中学生》1936年第69期）

1939年间，有人历数了当时荷兰的七处中餐馆，均系粤人开设，有店名人名，有籍贯出处，是很可宝贵的资料：

我国之最足以自豪于世者，乃为肴馔品类之美备与丰富，而其中尤以粤庖独擅其妙。统观欧美各国华侨所开之餐馆，惟巴黎市资格最老之萧厨司为南京籍，余者几乎尽为广东宝安籍。其设于荷兰者有七处，最老者为袁华主之中国楼［设于落塘（今译为鹿特丹）市德理街（Delistraat）十八号］，次为吴富所创之广兴楼（涵塘内番担担，今译为阿姆斯特朗），又次为邓生经理之中山楼（洛塘），又次为张国枢之远东饭店（海牙和平宫畔），又次为吴子骁之大东楼（涵塘研钵街七十二号），又次为文酬祖之南洋楼（海牙同生路Thomsonlaan五十号），而最小者为冯生之好餐馆［莱汀（Leiden，今译莱顿）市管丛街二十一号］，七家尽以宝安人为铺主。（佚名《海外之粤菜馆》，《健康生活》1939年第2期）

可是，著有《中国海外移民史》的陈里特说，据他的调查所得，荷兰有中餐馆十五间，一倍于此，令人难以置信；也联系到他说英国只有三间中餐馆的明显失实的情形，那他的说法也实在只能姑妄听之。而其另说法国有中餐馆十六间、德国有八间、苏俄有八间、葡萄牙有二间、丹麦有五间、比利时有四间，尤其是葡萄牙和丹麦以及苏俄的中餐馆数量，向未为人道及，姑附录于此，以备参酌。（《欧洲华侨生活》，《海外月刊》社1933年版）

事实上，越往后，荷兰的中餐馆开得越多。荷兰司法部长1963年9月给议会第二院司法委员会的报告中的正式统计数字说，荷兰有2353个中国人，分布在各个城市——海牙、阿姆斯特丹、乌得勒支、代尔夫特和其他几个城镇，其中1300人在大部分由中国人开设的325家餐馆中工作。（顾维钧《顾维钧回忆录》第十三册，中华书局1994年版）

延至今日，在荷兰，中餐馆仍是广东人的天下。21世纪初，一个中国旅游者在阿姆斯特丹市吃中餐的经历即是证明："老板告诉我，他是广东人，店里的伙计也大都是广东人。谁要不是广东人，要来干活就得学广东话。为什么会这样呢？因为内部交流方便，相互也比较信任。据跑堂的介绍，这个城市基本都是广东人开的餐馆。如果都是这个规矩，我想，出国来这里留学打工，广东人最好。其他地方的人既要学外语，又要学广东话，这不是受二茬罪吗？"（周自牧《在欧洲感受中餐馆》，《三月风》2002年第9期）

（四）探花楼与万花楼：从英伦到欧陆

邹韬奋笔下的伦敦“中国城”，足资表征的还是中餐馆，特别是那些高档的中餐馆：“华侨中开菜馆的已算是顶括括的阔人了！东伦敦华侨里面有一位名张朝的，在伦敦开了三十年的菜馆，现在算是东伦敦华侨的“拿摩温”（Number One）的领袖。”（邹韬奋《萍踪寄语·英国的华侨》）这张朝创办的，当是杏花楼中餐馆；有说杏花楼是伦敦最老的中餐馆，也是说得过去的。有意思的是，上海最老的粤菜馆，也叫杏花楼，始创于1851年，至今仍赫赫有名。而回到三十年前，杏花楼当也无异于水手馆。其实，后来作为法国中餐馆标杆的万花楼和英国中餐馆标杆的探花楼，均起自英国的水手馆：

> 巴黎最大中国饭馆之万花楼，营业极为兴隆。据知万花楼历史者云，是楼创自一千九百十九年，时值欧战之后，英美士女至法参观战场者，年以百万计。英美人在本国，本喜华装，既抵法一尝东方风味，尤为旅中乐事。法人视性尤好奇，闻风纷至，是万花楼之名，遂遍扬于欧美。初创时，资本仅二十万佛郎，今每年所获净利，亦逾万百，实海外华商中之具有创造精神者。该楼经理张南，原籍广东宝安，二十年前受英轮雇为水手，积微资，则在轮中为水手包饭食，数载后偕其弟张才至英京，开一中国餐馆，规模甚小。今伦敦之探花楼，皆张氏兄弟手创，距今仅十余年，资本俱各在百万元以上矣。（佚名《万花楼》，《东省经济月刊》1929年第3期）

此探花楼，实应为杏花楼，探花楼当别是一家，同样大有名于时。华五（郭子雄）先生说：“牛津街最华贵的杏花楼，本是伦敦的第一家中国饭馆，雇主几全为外人，穷学生是不大去得起的。一九二九年的冬季，听说杏花楼老板被人告发贩卖鸦片烟及作其他不正当营业，警察厅强迫他关门，单是房金一项损失便有一万八千镑。一时中国同学们都叹气，觉得这样大一家饭馆倒闭得可惜。终于因为知道杏花楼的人不多，现今走过牛津街的同学能有几个指出当年杏花楼的所在？”（《伦敦素描·中国饭馆》，《宇宙风》1935年第1期）这杏花楼，即上述的探花楼；至于其老板张朝、张才或张南，应该是时人听音记名之歧误。至于杏花楼触霉头关张的事，当时不仅震动英国侨界，连国民党中央侨委都甚为关切，积极会商英方。（《驻伦敦支部为旅英京侨商张才被英内务部无理封闭所开杏花楼并限日出境一案，准外交部函复办理情形，请转该侨知照》，《中央侨务月刊》1930年第5-6期）

罗伯茨说：“伦敦市的第一家中餐馆据说是1908年在市中心开张的。但在伦敦繁华街道皮卡迪利大街，于1923年开张的昙花楼饭店却声称自己不但是伦敦第一家中餐馆，而且也是欧洲的第一家中餐馆。”（《东食西渐：西方人眼中的中国饮食文化》）这里面肯定有问题，1923年怎么可能最早呢？应当是翻译的问题；昙花楼即探花楼，则庶几可通。

探花楼是很成功的。华五说：“壁卡底里的探花楼，排场很大，穷学生是不去的。”由于经营成功，得以在临近的华杜尔街开设新探花楼，而且排场更大：“下层可跳舞，价钱较贵。上层则颇合学生们的需要。”“到新探花楼吃饭的，不仅是中国人，暹罗人也常来，不尽的东方情调。”（华五《伦敦素描·中国饭馆》）由于杏花楼的关张，探花楼风头更盛，一时成为各方瞩目及交际的中心；中国著名影后胡蝶1935年访欧抵英时，就曾履席于此，并会见了同籍广东的好莱坞第一位华裔女明星黄柳霜：“当日的（使馆）茶会中，黄柳霜女士也在座。当中一位马太太给我们介绍。黄女士身材很高大，面擦黄粉，唇涂得很红，穿的是一件五色斑斓、袖子很阔的衣服，头戴一顶黑色的草帽（帽子的式样和满清的兵士所戴的一样）。我们见面之后，我便用广州话和她说了几句应酬的话，随后再和她说时，她大概广州话不大会多说，只会说台山土语，所以大家便没有细谈下去。第二天在探花楼吃中饭，又遇见了在巴黎时也遇见到的那位姓李的先生和他的夫人及戚属等。这位先生

●倫敦杏花樓之大門(在 Oxford Street)●

伦敦杏花楼

不仅是广东人，而且出生鹤山县，和我也是同县。”（胡蝶《欧游杂记》，上海良友图书公司1935年版）

探花楼还常常充作外交礼宾之场所。据晶清的《说吃》：“正式宴客或有男女外宾随同时，他们会到探花楼去，饭馆的设备既华丽，而身穿礼服的堂倌们又十分神气，在音乐演奏中开香槟，嚼鱼翅，喝燕窝汤，说起来虽然有些不调和，但也就很够排场了。”民国最后一位驻英大使郑天锡，应该也时常光顾探花楼，因为他早年负笈英伦时，曾运用所学的法律知识帮了探花楼一个大忙。探花楼位于当时伦敦西区最繁华的闹市中心，很多商店都租用沿路墙壁装置广告牌，这使得临街的墙壁竞争激烈，租价高昂。探花楼照例出租，却引起房东反对。郑天锡应餐馆之请，援引英国的法律和餐馆与房东签订的租约，向房东交涉力争，最终获胜。

新老探花楼，一般的观察是新的自然好，仓圣也是这么认为，不过他认为新探花楼的好不在于其簇新与豪华，而是在于他们的服务更接地气，更出乎意料的价廉物美：“我在伦敦的中国菜馆，差不多常常到那Piccadilly华度街（Wardour Street）的新探花楼的。那边中国人吃的特别多，而且对于我们自己中国同胞也非常的优待。那里有公司菜，大概一个先令九办（便）士一客的，已有一汤二炒，白饭尽量吃饱，还有一壶很好的雨前；比五个先令一客的西菜，质量都来得丰富。我初到伦敦时，不幸跑到了一家叫探花楼的，也在Piccadilly，与新探花楼是一个东家开设的。那边没有公司菜，一碗肉片汤，非五先令不够。后来去了几次，才晓得这新探花楼；所以以后在生活程度很高的伦敦市中，我便找到这一所价廉物美的充饥的食堂。”（仓圣《欧行杂记》二十一《伦敦生活》，《人言周刊》1935年第26期）其实，这也称得上是国人对伦敦中餐馆的最好的评价了。

得天时地利，或曰遭天时地害，早期漂洋过海讨生活或被卖猪仔的大多是广东人，所以海外中餐馆，尤其是那些高大上的伺候洋人的中餐馆，大抵为广东人所开；不独美国，欧洲亦然；不独英国，法国亦然。巴黎的中餐馆虽然非广东人首创，但后来主要的中餐馆均先后归于广东人之手，究其缘由，一是“食在广州”名扬于外，再则是广东人更早于国内其他地方的人移居海外，谙熟当地风物与市场。从国人早期的西行观察记录中，我们可以约略窥此大概。

当然，最初的中餐馆，并非粤人创始。法国最早的华人饮食机构，当是1900年巴黎大博览会期间，浙江人谢大铭以历年贩卖古玩所得巨资，在法国博览会展场所开之茶馆。事前他还利用西人好奇之心，专程往上海招揽了十余名中国少年，一律青衣长衫进场服务，颇能招徕游客。后来，张静江、李石曾以使馆随员身份于1902年起从孙宝琦莅法留学，期间张静江以其湖浔巨室的资本财力，也走过一趟谢大铭的路子：“先设古玩行于巴黎市最宏大之礼拜寺玛玳林（Madeleine）前，继开茶庄于城市繁华中心点之意大利箭道（Boulevar des Italins）。”并得到了留滞法国的谢大铭的茶役罗芹斋的帮助。（吴云《旅法华人近

五十年之奋斗生活》，《东方杂志》1928年第8期）

如果说张静江还只开茶室，李石曾则开起了饭馆，那真是足以与法人一比高下的。李石曾在巴黎的饮食事业，不仅对中餐业在法国的开拓影响深远，于中华饮食文化的传播，也贡献甚大；他于1914年在巴黎第六区蒙巴那斯大街163号开设中华饭店，成为法国最早的中餐馆之一，当然也是最有名的中餐馆之一，因为经理乃其业师齐契亭之子齐竺山，主厨更是随行家厨高二安；从钟鸣鼎食之家出来的，厨艺自然精湛了得。饭店设有50多个席位，古典高雅，并模仿西式餐馆设有酒店沙龙。当时法国著名汉学家赫里欧（Edouard Herriot）、孟岱（Georges Mandel）和一些政界、文艺界人士纷纷驾临，一时好不风光。但是生不逢时，碰上第一次世界大战爆发，两年后便告关张了。（李明欢《欧洲华侨华人史》）

开饭店始终是广东人的强项，1919年冬，一个广东人与一个比利时人合伙，使用"中华饭店"同一店名在第五区学校街（Rue Des Ecoles）另起炉灶，并成为勤工俭学学生的活动中心，饭店名字也因之出现在很多相关文献之中。陈春随（登恪）的《留西外史》里说到了在中华饭店举办的各种活动，如有一次同学会欢迎会，"到的人多得很，几乎把中华饭店都挤满了。后到的人，连椅子都没有坐"。（《留西外史》，新月书店1928年版）1928年2月6日，傅雷初抵巴黎，吃的第一顿饭，就是在中华饭店："（晨抵巴黎）回到郑君寓所等候，因为跑到一家'中华饭店'里去，说太早没有吃饭，于是就在郑君的寓所里等到十二点，再去吃饭。中华饭店当然是中国人吃中国菜了！一只炒蛋，一只肉丝，一只汤，共价十六法郎，很贵的！可也十分满足了，因为三十多天不知中国味了。"（傅雷《法行通信》，《贡献》1928年第9期）

等到万花楼开办出来，那才是巴黎中餐馆业发展的高潮，也才是粤菜西传的新典范。梁宗岱研究专家刘志侠、卢岚在《青年梁宗岱》一书中说梁氏"留欧七年，他按时收到充裕的汇款，一直住在舒适的私人旅舍里，每天到最好的中国餐馆开饭”，这最好的饭馆就是万花楼。

万花楼因此声名远播，几乎成为赴法攻略之必备常识。《图画时报》1927年第350期便在开篇第1页刊登其老板张南的照片，并配文字说明：“张南君巴黎万花楼经理。万花楼为巴黎最大之中国饭店。”陈宅桴的《旅法华人的小史及其使命》介绍说：“中国饭店好像是中国人一块荣耀的招牌。英美处处有唐人街，日本各地有广东馆子和宁波馆子，法国巴里也有规模很大的万花酒楼（老板是广东人，伦敦也有他的分店）。”1925年，翁同龢侄曾孙翁之熹以秘书身份陪同传奇将军徐树铮赴欧考察，在巴黎期间，就多往万花楼：“（3月12日）与薄以众、王陪彝、宋任东、李友嵩赴粤人所设之万花楼，中式之肴馔而以西法吃之；予辈点一菜名云吞大汤，则馄饨也，每小方碗十二法郎，合一元；炒面一碟十法郎，亦云昂矣。侍者皆法人，生意甚好，司账为一法女。

巴黎万花楼

闻初开时资本不过六百元，今已积利六万。”（《入蒙与旅欧》，中西书局2013年版）

人间书店和《人间》杂志创办人程万孚回忆他1931年赴法留学时也说：“在西比利亚火车上整整吃了十天的干面包……心想到了巴黎，当了衣裤也应当到万花楼去大吃一顿，吃泻肚子也甘心。这万花楼酒店，我是听见不少人说起过。”（程万孚《欧游杂忆：几家中国饭店》，《华安》1935年第1期）

“万花渐欲迷人眼”。梁宗岱固是天天万花楼，其他旅居或经行巴黎的众名流，也几无不涉足万花楼，万花楼成为文人齐聚之所。1927年6月26日，郑振铎甫抵巴黎，稍事休息，即前往万花楼吃饭，并记曰：“这是一个中国菜馆，一位广东人开的。一个多月没有吃中国饭菜了，现在又看见豆角炒肉丝、蛋花汤，虽然味儿未必好，却很高兴。”吃完中饭，“晚饭也在万花楼吃”。（《欧行日记》，凤凰出版社2009年版）同行的北京大学的徐霞村则记得更详细：“万花酒楼离旅馆并不远，只穿过一条大街就可以看见它的大匾。虽然房子是西式的，里面却很带中国的味道，朱红的色彩和东方的图案充满了全厅，成堆的中国学生聚在桌子上，间或也杂着一两个西洋的男女。当一个说北方话的中国侍者走过来时，高（元）君便把菜的号数告诉他，不一会，菜就来了。我们每人面前有一个盘子，一切的菜都是先用匙子拨到盘子里，然后再用筷子吃。”（徐霞村《巴黎游记》，光明书局1931年版）

郑振铎旅法期间，在万花楼酬酢的次数简直数不胜数。比如也是“天天在万花楼吃饭的”袁昌英，1916年她自费到英国爱丁堡大学学习英国文学并获文学硕士学位，1926年短期回国任教并与经济学家杨端六结婚，旋入巴黎大学继续深造；杨端六时任中央研究院经济研究所所长、社会科学研究所研究员，有足够的资本供她“天天万花楼”了。1927年7月2日晚她请郑振铎和朱光潜、吴颂皋等吃了一顿高档的“万花楼”——菜特别的好，因为是预先点定的；郑振铎也特别记在了日记中。梁宗岱也多次请郑振铎等去万花楼。郑氏1927年7月16日记：“宗

胡适

岱又请我和光潜吃饭，仍在万花楼。”8月19日又记：“宗岱来，把我叫醒……元和蔡医生亦来，同去万花楼吃晚饭。”

1926年8月至12月，胡适因处理英国庚款事宜而游历欧陆期间，尤其是在法国，其日记中多有上中餐馆的记录，而上得最多也最有故事的，当然是万花楼了。8月23到巴黎，“傍晚去使馆……与显章、（林）小松（使馆代办）同去万花楼吃饭”。还见到了不少“高人”：“碰见姚锡先夫妇，他们邀我们加入同餐。遇见沈箦基秘书夫妇。姚是张学良派来的，与张学良很亲密。”次日晚，又在席上见了赵颂南：“晚间显章约我吃饭，会见巴黎总领事赵颂南先生……一八九七年来法国留学，与吴稚晖、李石曾最相知。此君是一个怪人，最近于稚晖先生，见解几乎是一个吴稚晖第二。”8月29日又有记：“在万花楼吃午饭遇见李显章夫妇，陈天逸及其未婚妻叶女士。”

在万花楼帮过厨的鲁汉，因送菜收碗的关系，透过壁板小孔，也观察到客厅中诸多中国“名流”；这些名流，除公领馆的幕友秘书外，竟然是“以学生（自然不是勤工俭学的学生）为经常主顾”——他们也确实称得上名流：“去时大半带有一位极漂亮的法国小姐。间或有带中国女士的，但是极少。有两位中国女士，我不知道她们的尊姓大名，每晚必去用餐，去时必有一两位中国男士挽臂同行。用餐之后，照例是同去的男士会钞，而同去的男士，每隔两三天一换，或者是按照甚么班次轮流去，抑或那两位女士也是交际明星？”当然他也见过并亲自服侍过真正的大名流，即赴华盛顿参加太平洋会议途经巴黎用膳于此的中国代表、前北京大学代理校长蒋梦麟先生。蒋梦麟到的时候，由于才下午四五点钟，宾客未集，独坐一隅，无人搭理；好不容易有人上前招呼，他也只点了几碟价钱极低的小菜将就吃了一顿，总共才不过二十九法郎，让侍者都觉得他是“不配招待的客”。可是他却吃完了还不肯离去，一位管事者大约想支他走，便上去跟他攀谈，始知他新从美国来，街道不熟，所以先到中国人的饭店看看。进而知道他乃是大名鼎鼎的蒋梦麟，立马毕恭毕敬，适逢其想看中国报纸，店中却只有鲁汉订有一份《时事新报》，他这个小厨工，便也有机会面侍大名人。接下来，已届晚餐时间，就不止让店员惊慌，而是让那些挽着法国女人成对成双而来的中国留学生惊慌了：“蒋先生见过这出‘爱情喜剧’开幕，放下报纸不看，专看这种不售票的‘爱情表演’。那些‘演员’没有认识蒋先生的，所以无人去理会他。还未到杯盘狼藉之际，那位张先生悄悄地向一位‘演员’泄露了蒋先生的大名，一刹那间传遍了满堂，大家颇露惊惶惭愧之色，‘表演’未终，竟不欢而散。”方此之际，使馆的李领事却带着比国女子并约了别的几个法国女子来此聚餐，更是倍觉尴尬，深觉过失。“蒋先生至此，始而遭轻视，继而变逢迎，始而枯寂，继而喧阗，终而又返于枯寂，不过三点钟的光景，恍如经历了几个世界。”作为弥补，次日午刻，李领事邀请蒋先生到万花楼用餐，而且自此以后，蒋先生每日中晚两餐必在此地，这反使得一班老主顾中国学生竟因此足不敢踏万花楼之门，直待一星期后蒋先生离了巴黎才敢复来，实在是非常有意思的万花楼轶事。（鲁汉《我的留法勤工俭学生活的一段》，

《革命》1929年第78、79期）

胡适所记另两次万花楼东主张南（一作楠）请客的记录，即颇有此意味——万花楼不仅是文人聚集之地，也还递相为国共之政治平台。第一次是1926年8月30日：“万花楼主人张南请我吃饭，此人是国民党，很有爱国心。他颇瞧不起驻欧的各公使。我真不怪他。”直至1940年12月30日，他才在日记中对这次饭局中收到的一张传单进行补充记录：

> 这一张“传单”是有人在巴黎万花楼上散发的。有一天晚上我同孟真等约了在万花楼吃晚饭，我偶然被一件事耽误了，去的很迟。我在门碰着万花楼老板张楠，他低声说：“楼上有人发传单骂你，我特为站在门口等你，你不要进去了吧！”我大笑，说：“不要紧，我要吃饭，也要看看传单。”我上了楼，孟真宗岱等人都在候我吃饭。

張南君巴黎萬花樓經理萬花樓為巴黎最大之中國飯店
Mr. N. Chang managing the biggest Chinese restaurant in Paris.

巴黎万花楼经理张南

其实海外中餐馆涉入政治，是有传统的，毕竟海外中餐业是华人的主业之一，也是孙中山早期革命经费的重要来源。凡属在海外久居下贱者或相对弱势者，往往民族性、革命性较强，至今依然。是以中餐馆的革命传统可谓历史悠久，而巴黎的中餐馆更是风云际会，几乎一店一党，各有各的政治立场或倾向，令人称奇。当时就有人说："最奇怪的，各个饭店，代表一个党派：万花代表张南（万花的经理）派，东方三民社或西山派，北京四十一号天津改组派，上海国家主义派。萌日、中华没有派。各派的刊物，在各派饭店出售，各派的人都在各派饭店吃饭。不然大家就叫利权外溢了。"（丁作韶《巴黎鲫鱼般的中国饭店》，《时事月报》1930年第1期）特别是张南既是国民党人，万花楼又是华人名流聚集的中心，自然成为国民党的重要海外政治平台，孰知未几却成了共产党的政治平台。

《青年梁宗岱》说，1927年张南把生意转售给湖南人姜浚寰。姜氏的管理人员中，有一位管账的周竹安，乃是中共驻法国负责人之一，1939年返国后，还继续地下工作。周竹安1949年进入外交部，1954年被委任为驻保加利亚大使，万花酒楼在他离开的1939年结业。其实诸位有所不知，政治光环并不止罩在这位周账房头上，那老板姜浚寰才更闪亮。这姜氏在法做过工办过小工厂固不假，与一战或许也有些关联，但绝不是普通的贫贱的一战华工出身。因为其胞兄姜济寰，号咏洪，湖南长沙人，辛亥革命后担任长沙首任知事，显是家有根柢的国民党大佬，先后担任国民党湖南支部评议员、湖南省议会议员、湖南省财政厅厅长、湘军总司令部秘书长等。北伐战争时，姜济寰随军进入江西，初任江西财政处长，江西省政务委员会副主任、代主任，并在代理江西省政府主席期间参加南昌起义，立下大功，成为起义后首任江西省革命委员会主席。

关于万花楼与共产党的渊源，当事人周竹安后来也有讲述，而且还与著名教育家陶行知有关。抗战胜利后，著名编辑家王敏先生在编辑《行知诗歌集》时，发现了其中一首写于1936年10月10日的《巴黎万花楼中法友人共庆双十节》的长篇歌行，其中的友人之一恰恰是与他共同编辑《行知诗歌集》的周竹安。原来1936年7月，陶行知受全国各界救国联合会（陶是执委和常委）派遣，以国民外交使节身份出访欧、美、亚、非等28国，宣传抗日救国，介绍中国大众教育运动，途经巴黎时与周竹安相识。周竹安对王敏说："当在我在巴黎万花楼管账，在那儿结识了陶行知。"但没有作进一步介绍。直到1954年，王敏调任北京三联书店，周竹安即将出使保加利亚，始尽道原委。周说当年在巴黎从事地下工作，担任中共巴黎支部负责人之一，因与万花楼经理姜济寰有同乡之谊，获聘为酒楼管账。这真实身份，在当时自然不便告诉王敏。周竹安的上司、中共旅欧支部负责人吴克坚也于1936年来到巴黎，担任巴黎《救国时报》总经理。因此，万花楼便成了革命活动的据点，并为巴黎的国民党特务所侧目。要知道，陶行知也可谓是亲近我党的著名民主人士，所以他1936年8月一到巴黎即与吴克坚、周竹安等人取得联系，此后便频频出入万花楼，共同倡议并联络在巴黎的陈铭枢、王礼锡等各界名流，组建了"全欧华侨抗日救国联合会"，并于9月20日举行了盛况空前的成立大会，还在会上发表了《〈团结御侮的几个基本条件与最低要求〉之再度说明》的演讲，以及即席创作了《中华民族大团结》诗歌等，慷慨激昂，不能自已，遂于国民政府的双十节，再作诗以纪其盛。（王敏《陶行知与巴黎万花楼》，上海《世纪》杂志2007年第2期）

（五）回归粤菜正宗

新时期的移民，尤其是改革开放后广东和香港的新移民，对饮食的要求高多了，已无法满足于既往的"杂碎"；同时，当今全球化的贸易环境，也使得海外的中餐馆很容易地取得家乡地道的食材，一些当地的海鲜，甚至好过家乡的：这一切，都为杂碎的回归正宗创造了优越的条件。在这方面，顺德的厨师功不在小。比如顺德百年老号"冯不记"在美国休斯敦开出新花，其后人冯海开办的中餐馆不负“顺德第一烹饪世家”（罗福南语）的盛誉，出品地道精良，引得老、小布什总统频频光顾，这与李鸿章时代岂可同日而语！再如，顺德籍厨师施纯骐1969年从香港美丽华酒店辞职到英国利兹市一家连锁中餐馆工作，当地虽没有港货行，也能因陋就简烧出顺德菜，如大良炒牛奶等。旋至伦敦唐人街富临菜馆安营扎寨；伦敦有“恒生行”等中国食材铺，其所烹制的“大良炒牛奶”“大良野鸡卷”“拆鱼羹”“鱼皮饺”等，便地地道道，誉满英伦。

在追求正宗的风气之下，顺德首席名厨、顺德厨师协会会长罗福南先生近年也频频受邀前往美国休斯敦、旧金山，英国伦敦，法国巴黎等地传道授艺；还曾有老板开出百万年薪意欲挽留罗先生驻留指导。2010年10月，在法国总统萨科齐的亚裔事务专员、原籍顺德的何福基先生的推动和安排下，巴黎成功举办“顺德美食周”，并走进联合国教科文组织总部，以罗福南先生为代表的顺德大厨现场演绎了“金牌四杯鸡”“八宝酿鲮鱼”等七款顺德经典菜式和“双皮奶”“姜汁撞奶”等著名小吃。罗先生说，那可是在没有明火、没有白酒的情形下做出来的啊，对自己的厨艺实在是一大挑战！这次活动更深层次的背景是，何福基先生自1975年以来，因在巴黎开设福利、福安两家顺德餐馆大获成功，成为著名侨领，并先后获得巴黎金牌市民奖、法国国家功绩骑士勋章、国家功绩士官勋章、国家功绩司令官勋章等，荣任法国国际饮食协会和法国国际旅游联合会副会长；饮水思源，何先生觉得应进一步提升法国顺德菜的正宗性和地道味。在这次活动中，何先生也确实大有斩获，现学现卖，为萨科齐总统及其家人奉上了一道最地道的顺德菜；他与萨科齐的友谊渊源甚早，早在1975年其福利餐馆开业不久，尚是市议员的萨氏前往寻味“糖醋咕噜肉”和“白焯海虾”时就已结下，日久弥深，2010年4月他随萨科齐访华时，还应邀请出席了中国的国宴。这一切，全赖有顺德菜这一重要媒介；正宗顺德菜，必将进一步促进中法经济文化的交流与发展。

日本作为我国的近邻，日本国内的粤菜尤其是顺德菜似也更容易做得正宗。在较早的年代，横滨的顺德籍侨领周敬文（1880—1957）曾创办万新酒楼，其侄儿周潮宗（1898—1980）则开办同发中华料理，逐步发展成为拥有横滨五家、东京两家的大型餐饮连锁企业。日本今日的中国餐馆中，粤菜占据80%的市场份额，而影响最大的，仍是顺德厨师。1949年，“凤城三杰”之首区财的弟子谭惠赴日，一人独力支撑梁树能的中国料理店，使其发展成目前日本最大的中餐企业，梁树能也荣膺日本中国料理协会会长。据梁树能会长说，全日本最大的海味和餐饮后勤配送企业，乃是一位外号叫“鲍鱼初”的顺德人开设的广记商行。

日本粤菜尤其是顺德菜的发展，使厨师们有了大展身手的好舞台。1966年，谭惠还回港将儿子谭国景及外甥冯崇全（冯满之子）带往日本；谭国景先在日本东京银座红楼中华料理做了4年大厨，又转至五星级的品川太平洋酒店任主厨；其间，在富士电视台献艺，引起轰动。1979年，谭国景奉冯满之命回港主持北角、旺角的凤城酒家，维护了凤

民国时期日本的中国饭馆

城酒家在香港的顺德菜总舵地位；“食神”蔡澜在为其《顺德真传》的序里说：“每次去‘凤城’，都满意地走下楼，这种情况在香港已经少之又少。”

凭着这些渊源，1988年日本举办世界中国烹饪大赛，他们还请动顺德国宝级名厨康辉前往担任评委，并当场献艺，被媒体誉为“中国料理第一人”。为进一步增强日本中国料理的正宗性和地道性，2010年8月下旬到9月上旬，日本中国料理协会又邀请顺德十大名厨之一、南国园林山庄行政总监何锦标，顺德名厨、碧桂园行政总厨林潮带，北京九朝会行政总厨马澄根这三位顺德厨艺界精英赴日传授厨艺；“瞧，牛奶还能炒，炒了后还这么鲜美，真是不可思议！”顺德名厨代表先后在东京、大阪、冈山和山口四个城市举行专场的顺德菜厨艺表演和培训专场活动，一时成为日本餐饮界的传奇，引得日本中国料理协会于当年10月即派出多名骨干到顺德研修取经。

从20世纪末开始，因为海外中餐回归正宗的需要，广东厨师尤其是顺德厨师一批批出洋掌勺。2015年1月27日《广州日报》曾報报道《大厨出国打工分红资格被取消，13年追讨终得所愿》的顺德厨师李先生，1999年跨越重洋远赴南美洲秘鲁粤菜馆当厨师，当年还有30位厨师分赴各国掌厨政。而这还只是初期阶段，往后出去的就更多也更高级；顺德厨师协会会长罗福南先生，近年还不断被海外餐饮企业以远高于飞行员的薪酬所招揽。

最为正宗的举措是，国内顶级的粤菜馆顺峰庄，便直接到澳大利亚珀斯开设分店。当然这是建立在粤菜在澳大利亚已较为普及的基础上的；在澳大利亚的主要城市，几乎没有白人不会用筷子的。随着粤菜以及中餐在海外普及程度的提高，相信广东会有更多的大型餐饮企业到海外开设分店，或直接开设正宗粤菜馆，从而彻底颠覆“杂碎”的既有概念。发展至此，孙中山先生当年的夙愿，或可得以实现；广东味道，终将诱惑全球。

最新的值得笔之于书的案例是，2014年6月李克强总理访英，英国首相17日中午在唐宁街10号举行的中式午宴，掌勺者乃祖籍广州的曼彻斯特甜甜中餐馆的姐妹花；主打菜是砂锅焖鸡，配料中有标志性的广式香肠，主食则是五宝蛋炒饭，均是相当典型地道的粤式菜肴，足为“食在广州”长脸；李克强总理餐后还对掌勺的姐姐丽萨说，希望所有中国人都能有机会尝尝她们做的菜呢！